YUANLIN JINGGUAN KUAITI SHOUHUI JIFA

# 园林景观快题手绘技法（第二版）

任全伟 著

化学工业出版社
·北京·

园林景观快题手绘技法 / 任全伟著. —2 版. —北京：化学工业出版社，2023.11（2024.8重印）
ISBN 978-7-122-44008-2

Ⅰ. ①园… Ⅱ. ①任… Ⅲ. ①景观—园林设计—绘画技法 Ⅳ. ① TU986.2

中国国家版本馆 CIP 数据核字 (2023) 第 153261 号

责任编辑：林 俐　　责任校对：刘 一　　装帧设计：筑匠文化

出版发行：化学工业出版社（北京市东城区青年湖南街13号　邮政编码100011）
印装：北京宝隆世纪印刷有限公司
710 mm×1000 mm　1/12　印张 15　字数 250千字　2024年8月北京第2版第2次印刷

购书咨询：010-64518888　　售后服务：010-64518899
网　址：http://www.cip.com.cn
凡购买本书，如有缺损质量问题，本社销售中心负责调换。

定价：78.00 元

# 第二版前言

快题设计被广泛运用于设计公司招聘、研究生入学考试、注册建筑师考试等领域，它能很好地体现和考验个人设计能力和设计素养。在设计投标中也经常运用快速设计的方式。除设计能力之外，过硬的快速手绘能力是完成快题设计必须具备的技能。快速手绘与效果图手绘不同，是设计师表现设计思维的手段，能快速记录瞬间的灵感和创意，具有本身特殊的表现语汇和训练方法。

《园林景观快题手绘技法》从2015年出版以来，得到了许多景观设计类学子的认可，但随着时间的推移，部分内容显得有些陈旧。本次再版，笔者将书中许多作品进行了更新，并补充了一些新的知识点。在具体内容上，着重讲解了园林景观快题设计中运笔、上色、构图等手绘关键点；从形体结构、质感、节奏、光影等方面出发讲授植物、山石、水体、园路、景观小品，以及完整景观空间的绘制方法；特别针对景观专业研究生入学考试，讲解了完成快题方案的思维过程，图面的综合效果表达。希望本书可以在较短时间内帮助学生掌握技巧，少走弯路。

本书的快题部分作品由高雨铭设计师提供；辽宁润泽景观设计有限公司的吴雅君总设计师为本书提供了园林植物参考图片和相关建议，沈阳光环景观与建筑规划设计有限公司谭勇总设计师提供了部分图片，朱自民、陈少宽、杨兰、李淼、李烨、韩全威、汤辛、谭洋、沈楠、王一楠、张欣、李腾、刘丽馥、张颖、张璐、刘珊珊、李子涵、王铎滨为本书视频和文字修改给予了帮助，在此表示诚挚的谢意！

本书编写的目的是希望在课程教学过程中能立足于学生实践操作能力的培养，以学生为本，注重“教”与“学”的互动。以“坚定文化自信，传承匠心之美”的课程价值观为主线，将价值塑造、知识传授和能力培养三者融为一体，让学生能够举一反三，学会变通，具备挑战难题的勇气和创新精神。由于编写时间紧迫，加之编者水平有限，难免疏漏，望广大读者批评指正。

任全伟

2023年7月

目录 CONTENTS

# 第一章

# 景观快题手绘表现基础

# 第一节 快题设计与手绘表现

## 一、景观快题设计的概念

快题设计又称快速设计、快图设计，是指在限定的较短时间内完成景观设计方案构思和设计成果表达的过程，是设计过程中方案设计的一种特殊形式，是解决设计中各类问题的动态过程。在景观设计领域，快题设计要解决包括平面布局，功能分区，交通分析，景观与环境的文化性、地域性、生态性、时代性、技术性、可持续性等各方面的问题。

快题设计的显著特点集中在一个"快"字上，快速理解题意，快速分析设计条件，快速进行方案构思，快速找到方案建构的切入点，快速推敲、完善方案，直至快速表达设计成果。快题设计的主要应用范围包括：研究生入学考试、各设计单位招聘考核、设计实践中的运用、设计师注册考试等。

## 二、 考研快题与课程设计的区别

快题设计是景观设计专业研究生入学必考科目，也是本科和研究生教学的课程，通过每年的课程设计引导学生逐步学会方案设计，是一个循序渐进的过程。考研快题则是对整个大学期间专业学习的一个综合性总结，是导师考查学生综合能力和是否具有继续深造资格的一种快速手段，考研快题有时间限制，现国内普遍使用的考研考试时间是 3、4、6、8 小时不等。

考研快题无论时间长或短，都有时间紧或画不完的感觉，选择恰当的表现形式至关重要。3 小时和 8 小时的快题设计，表达效果是不同的，如果没有画完或透视图画得潦草匆忙，再好的构思，也无法全面地表达出来。因此把握时间是一种重要的技能。

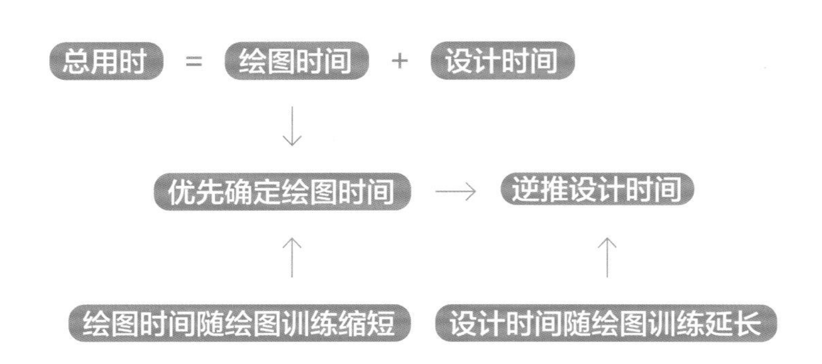

## 三、手绘在快题设计中的作用

手绘借助脑与手的配合来表达情感和设计理念，是景观快题设计的载体和最直接的“视觉语言”，不仅决定最终的设计表达效果，也是学习设计过程中积累素材的手段。设计和手绘有着相辅相成的作用。

在考研快题设计中，从开始的设计构思阶段用手绘勾画草图，到最后表现阶段将设计方案中分析图、平面图、立剖面图、透视图清晰明确地在图纸上表达出来，手绘是唯一的表达方法。其中透视图是快题中的关键点，好的透视图能先声夺人，吸引眼球，提升第一印象，也能够充分展现设计者的能力和艺术修养。因此，手绘不仅关系到方案最终的视觉效果，而且在很大程度上决定设计者的设计能力。

手绘是一门实践性很强的课程，学习手绘不会有立竿见影的成效，而是润物细无声的积累过程，需要坚持不断地练习，要制定科学的训练计划和行之有效的学习方法，并严格按照计划去训练和提高，这样可以少走弯路，事半功倍。

# 第二节 工具

## 一、笔

包括钢笔、针管笔、彩色铅笔、马克笔等。

### 1. 钢笔

笔头坚硬，所绘线条刚直有力、粗细均匀、挺直舒展。

### 2. 针管笔

绘制的线条流畅自然、细致耐看。有金属针管笔和一次性针管笔两种，有 0.1 ~ 0.8mm 等不同型号，可根据不同的绘制要求选择不同型号的针管笔。

### 3. 彩色铅笔

彩色铅笔简称为彩铅，分为油性和水溶性两种。

油性彩铅——不溶于水，笔触细腻，可表现较细致的质感和精细的画面。

水溶性彩铅——上色效果较好，因为它能溶于水，上色后可用水彩笔或毛笔蘸水涂抹出类似水彩的效果，也可用手指擦抹出柔和的效果。

在景观快题中常用水溶性彩铅，因为表现技法难度不大，掌握起来比较容易，也可和马克笔结合使用。

## 4. 马克笔

### （1）马克笔种类

马克笔有油性马克笔、水性马克笔、酒精性马克笔三类。

油性马克笔—— 一般笔头宽大粗硬，色彩沉稳柔和，不易变色，久置不干，颜色多次叠加不会伤纸。但气味较重，对人体有一定的危害，已经退出市场，被酒精性马克笔所取代。

水性马克笔——颜色透明度高，效果跟水彩很类似，但不宜叠笔，叠加后颜色会变灰，而且容易损伤纸面。有些水性马克笔颜色干后具有耐水性。

酒精性马克笔——兼具水性马克笔和油性马克笔的优点，具有挥发性，可以二次加注酒精溶剂，速干、防水、环保，可在任何光滑表面书写。常用品牌有：德国斯塔（STA）、韩国 TOUCH、三福霹雳马、凡迪、法卡乐、Rhinos 犀牛、温莎牛顿、AD、宝克、金万年、晨光等。

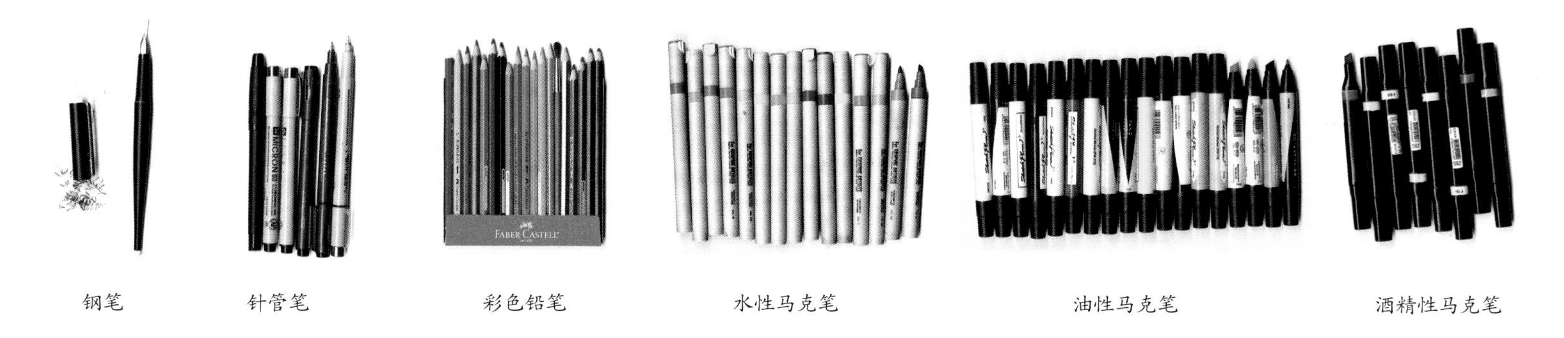


钢笔　　针管笔　　彩色铅笔　　水性马克笔　　油性马克笔　　酒精性马克笔

### （2）景观快题设计常用马克笔配色

选购马克笔时，并不是所有的颜色都需要购买，对于景观设计快题表现来说，可以选购灰色系、木色系、绿色系（绘制植物）、蓝色系（绘制水、天空等）、红色系（绘制花卉等）几个色系，以三福霹雳马为例，可以选购以下常用的配色组合。

| 99 | 156 |
| --- | --- |
| 100 | 157 |
| 101 | 158 |
| 103 | 159 |
| 104 | 160 |
| 105 | 98 |
| 107 | |
| 211 | |

灰色

| 72 |
| --- |
| 201 |
| 80 |
| 70 |
| 69 |
| 149 |

木色

| 192 | 197 |
| --- | --- |
| 25 | 195 |
| 27 | 166 |
| 167 | 165 |
| 187 | 38 |
| 28 | 196 |
| 184 | 36 |
| 31 | 140 |
| 26 | 141 |

植物

| 194 |
| --- |
| 198 |
| 142 |
| 48 |
| 134 |
| 143 |

水

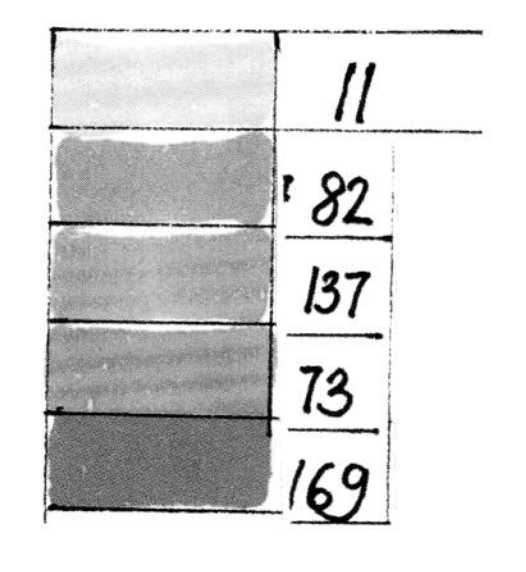


花卉

## 二、纸

景观快题设计常用的纸张有：马克纸、复印纸、硫酸纸、绘图纸、拷贝纸等。

### 1. 马克纸

马克纸是针对马克笔的专用纸，纸质的厚度、硬度、渗透性适宜，对马克笔、针管笔等的笔墨有较好的吸附性，能保持线条的流畅整齐。

### 2. 复印纸

复印纸是最常用的草图用纸，纸质适合铅笔和绘图笔等多种画具表现，适合在练习时使用。

### 3. 硫酸纸

硫酸纸是拓图练习的纸张，有一定的透明度，对铅笔、彩色铅笔、墨水的吸附性较好，但只能使用油性马克笔，可以正反面同时绘制，制造与众不同的效果。

### 4. 绘图纸

绘图纸是质地比较厚的绘图专用纸，在手绘表现中可以选择它代替素描纸进行黑白线稿的表现，也可用于彩色铅笔、马克笔等形式的表现。

### 5. 拷贝纸

拷贝纸是一种很薄的半透明纸张，用于绘制和修改方案，是初级草稿使用的纸张，对各种笔的绘制都能做到明确、清晰，便于反复修改和调整。

## 三、其他工具

直尺、曲线板、橡皮、图板、丁字尺、三角尺、透明胶带等。

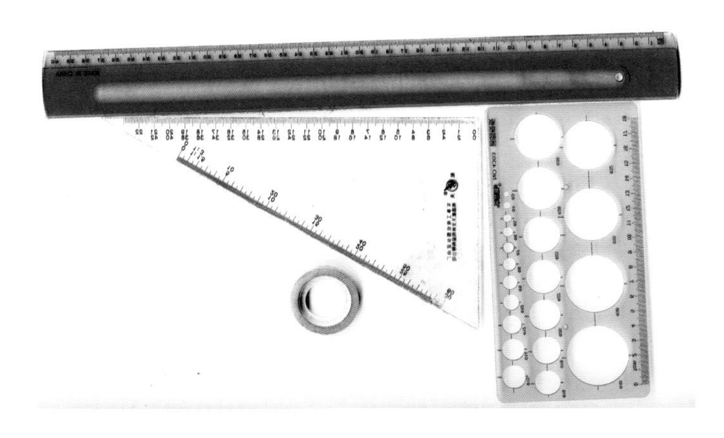

# 第三节 钢笔线条的基础训练

快题手绘主要通过钢笔或针管笔来勾画景物轮廓，塑造景物形象，因此钢笔、针管笔线条的练习是手绘训练的重点。优美的钢笔线条不但能显示出一个设计师的基本功和艺术素养，更能体现设计的最初理念。线条是手绘表现最基本的元素，也是决定图面效果最重要的元素。

直尺画直线条往往会给人呆板的感觉，而徒手画线则能够使画面生动活泼。专业手绘线条分为直线和抖线，和平时画线的习惯不一样，需要大量训练才能达到放松自如。手绘线条技巧可以从以下几方面来进行训练。

## 一、钢笔线条的种类

### 1. 慢线

画徒手线条可以从简单的慢线练习开始，在练习中应注意运笔速度、方向和支撑点以及用笔力量。运笔速度应保持均匀，宜慢不宜快，停顿要干脆。用笔力量应适中，保持平稳。基本运笔方向为从左至右，从上至下。

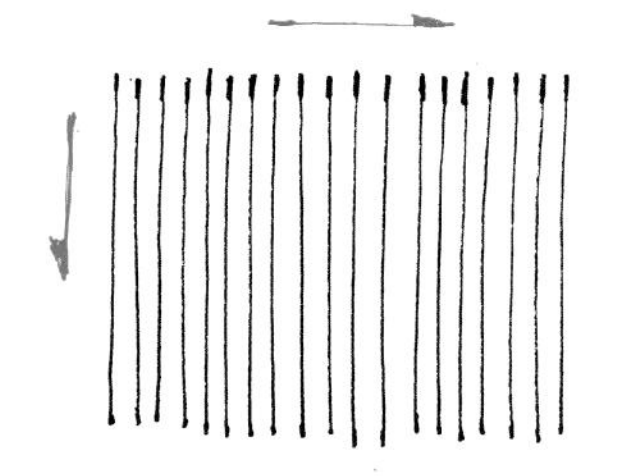

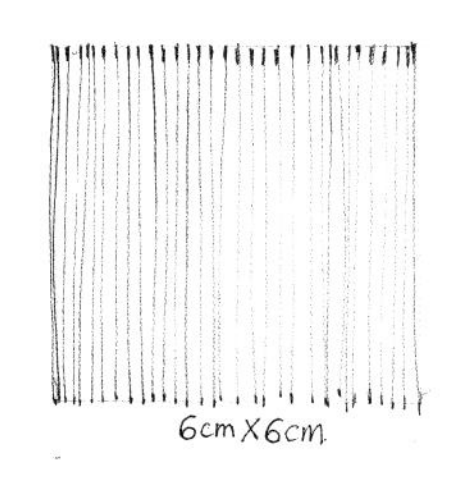


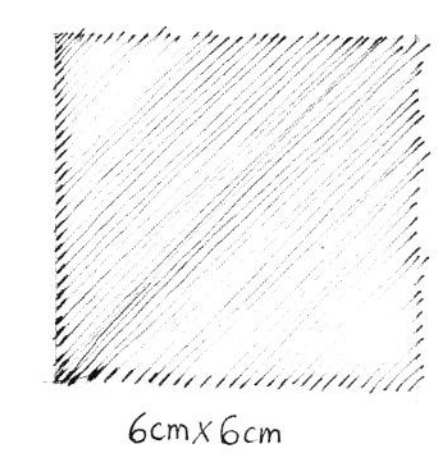


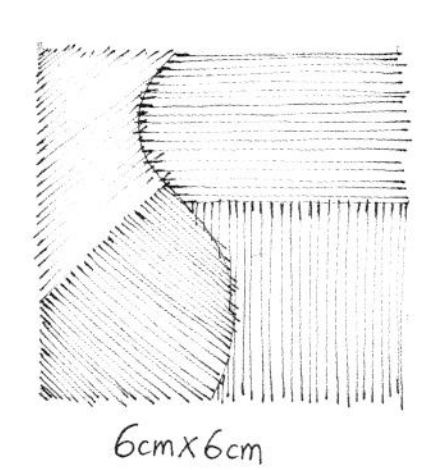


### 2. 快线

画快线时速度要快，两头重中间轻，给人以扎实可信的印象。快线起笔和收笔要有顿笔，行笔时较快速地划过纸面。快线不能过长，要有力度感，绘制时一般 5 厘米左右即可，适合于画景观小品。

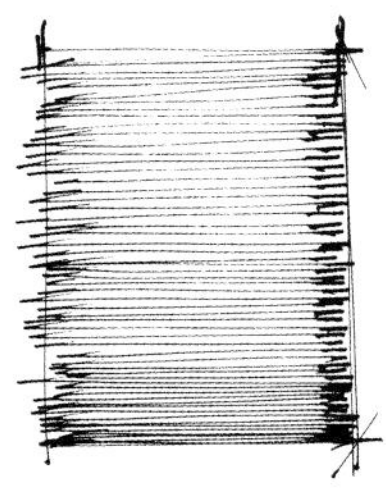

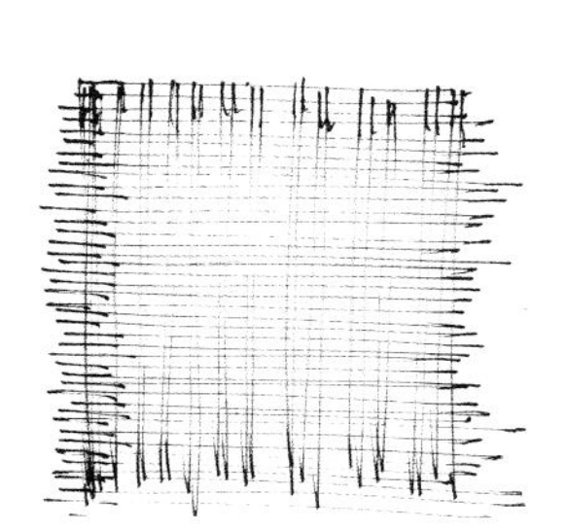

### 3. 斜线

排列、交叉练习，尽量保证整体排列和叠加的块面均匀，不要担心局部的小失误。

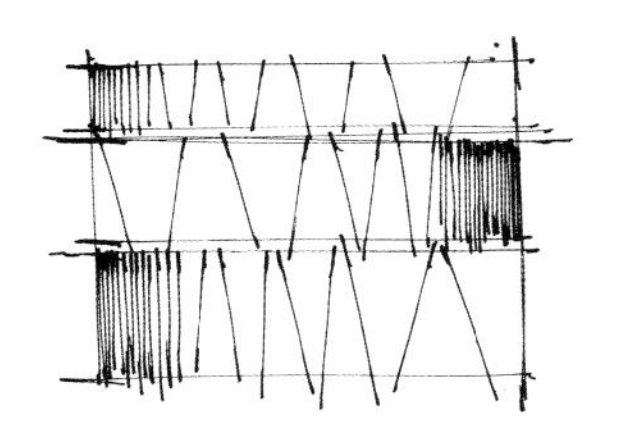

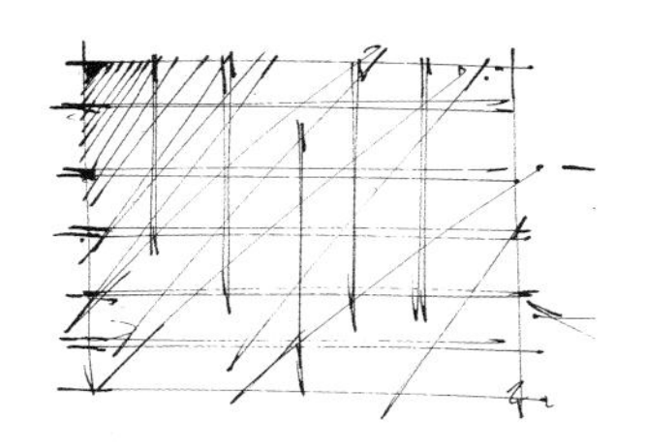

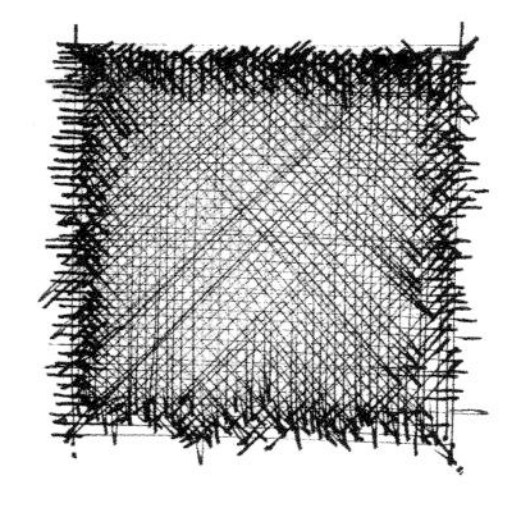

### 4. 抖线

绘制抖线时用笔微微抖动，做到大直小曲。抖线和不同的线条的组合应用，可表现出不同的灰色块，能表达出形体的质感，以及需要虚化的物体等，如景墙的墙面、花台的台面、静水的倒影、地面铺装的材质、远处建筑等都可用抖线来表现。

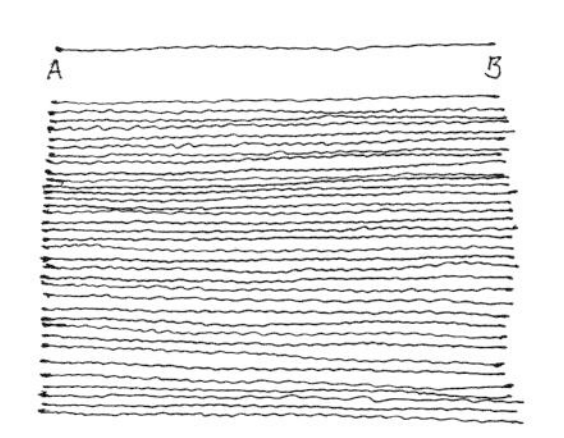


## 二、线的平面空间连接练习

通过平面空间的连接练习可以体会：通过线条的方向、疏密、运笔急缓、力度把握的变化，能够表现空间的界限与尺度。根据过渡空间与它所联系的空间在形式、尺寸、方位等方面的联系可分为 6 种情况。

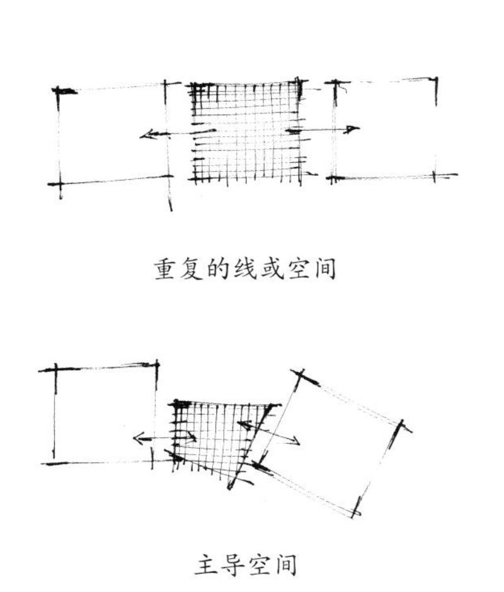

重复的线或空间

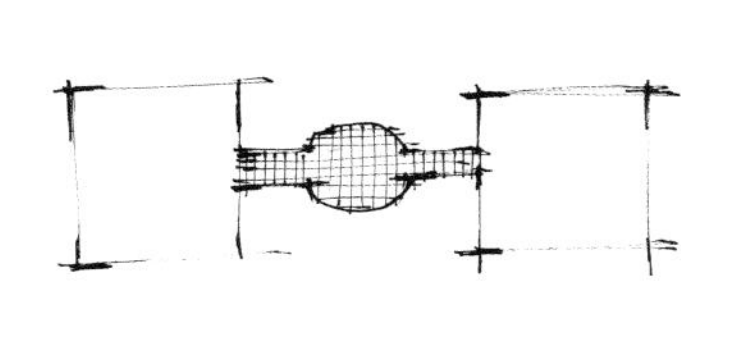

强调联系作用

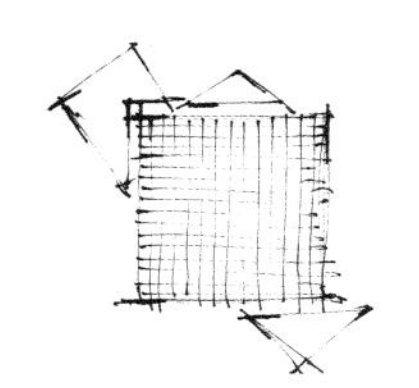

次要空间形状和尺寸均不相同

主导空间

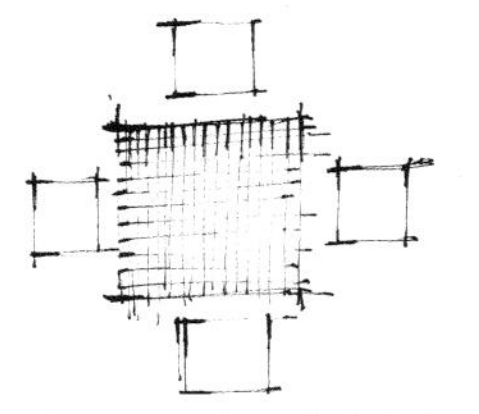

次要空间形状和尺寸完全相同

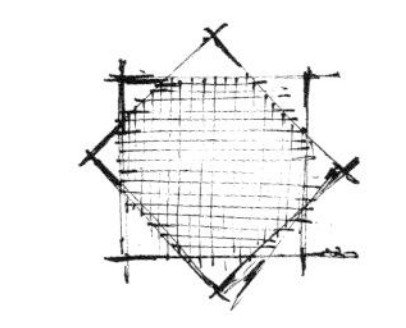

次要空间由大空间套叠而成

## 三、线条的体块练习

对初学者，我们不必过于在意形的表现是否完全准确，先控制线条，在其基础上再进行体块练习，即可逐渐掌握形态的准确性。

### 1. 几何抓形

先在头脑中计算整体比例、角度关系，将其呈现在画面上，再深入每个部分的细部比例关系，最后处理各部分的明暗关系。

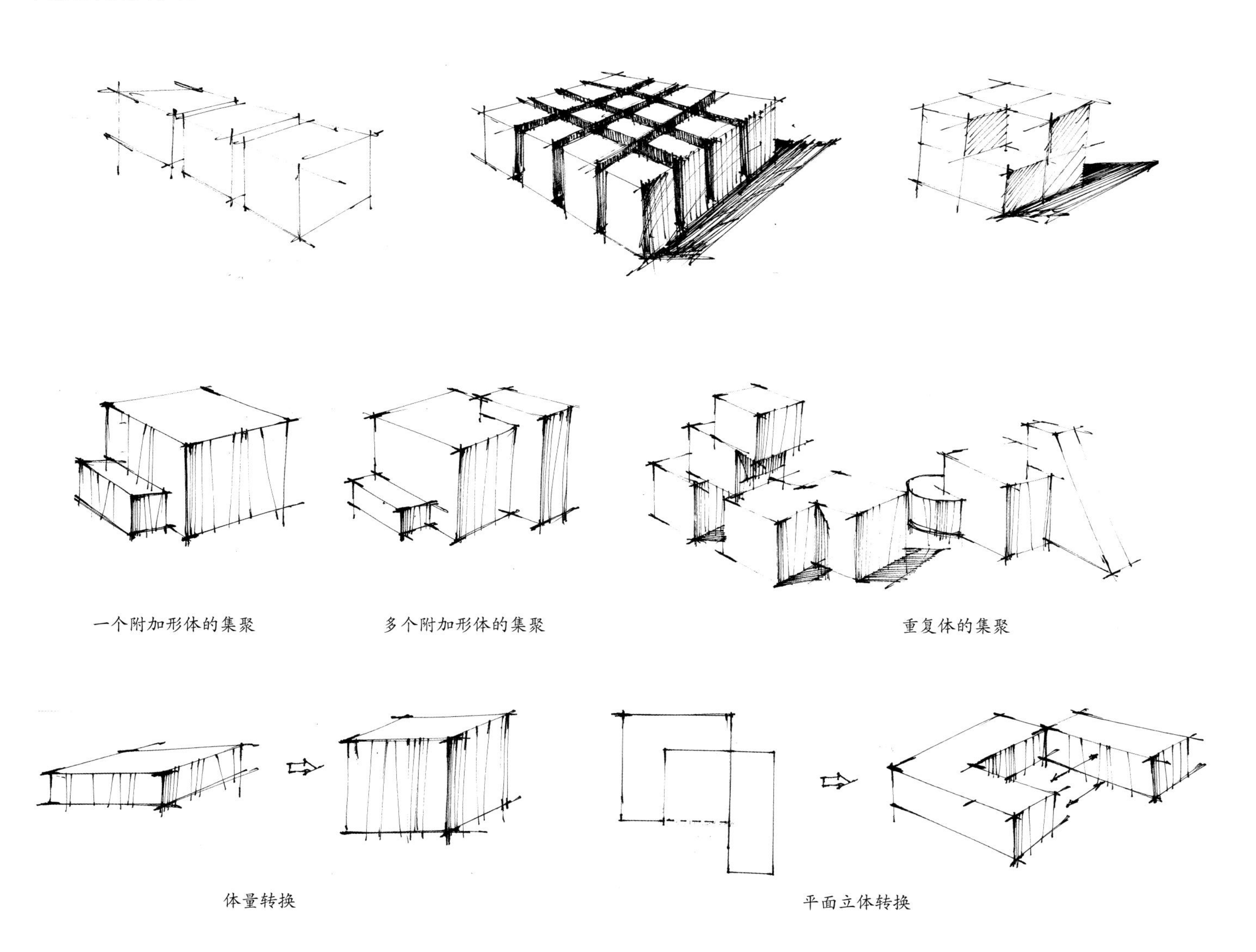

一个附加形体的集聚　　多个附加形体的集聚　　重复体的集聚

体量转换　　平面立体转换

## 2. 结构抓形

在多数情况下我们只描绘物体能看见的边线。而结构抓形要把物体的前后结构都画出来，也就是说看不到的边线也要画出来，使物体结构逻辑关系准确，从而避免走形。画线时要理解造型与空间的关系，培养立体形象思维能力。结构抓形能帮我们理解不同物体之间以及同一物体各部分的空间组合关系，我们可以针对景观构筑物体量和空间组合进行练习。

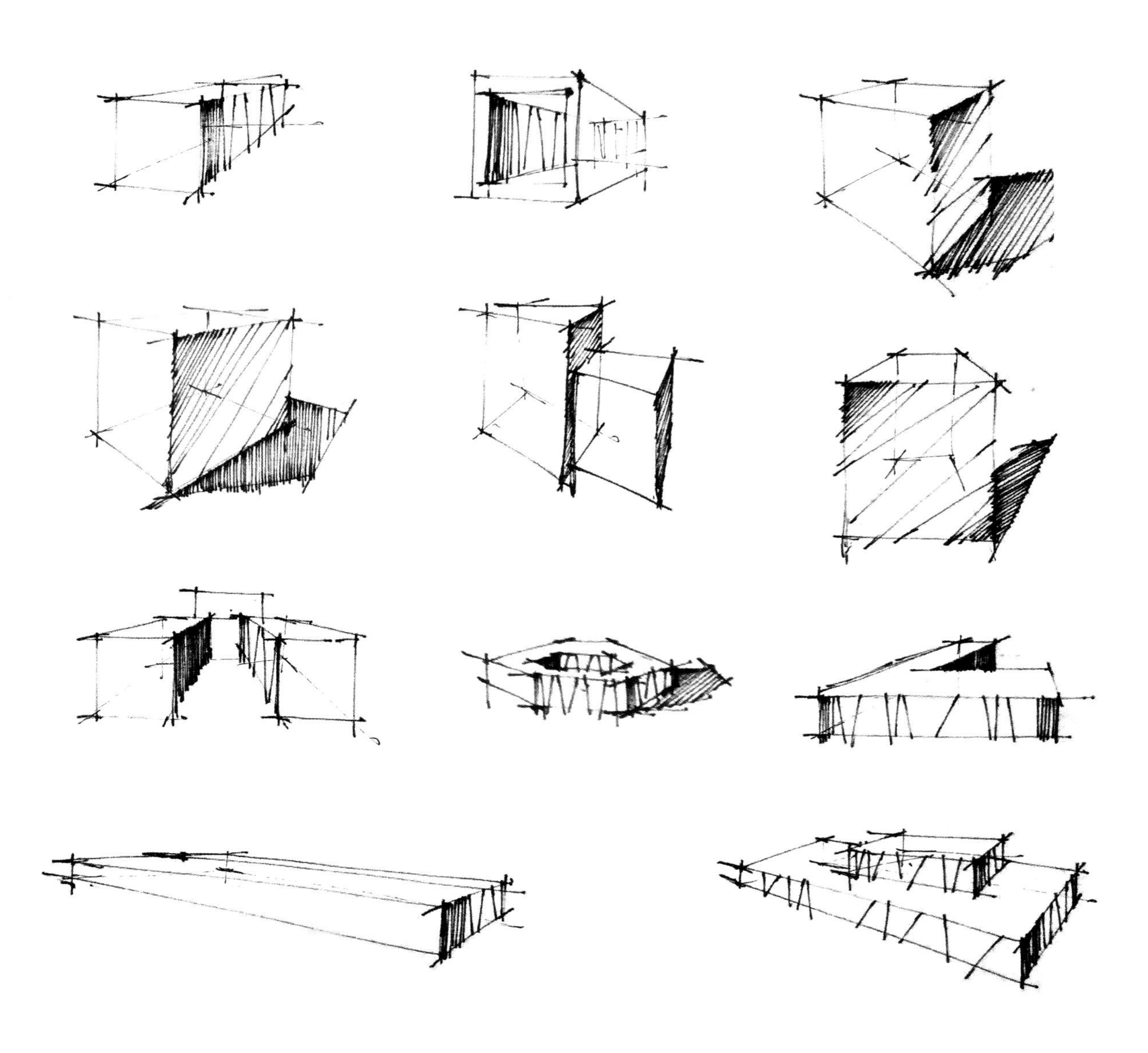

# 第四节 马克笔的基础训练

## 一、马克笔的基础笔法

点——在景观快题表现中点通常是用来表达植物的叶子，在效果图中点也起到活跃画面的作用。

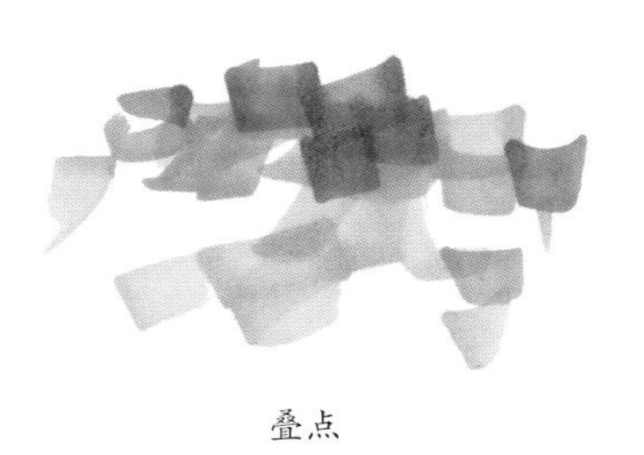

叠点

点画得没有变化

线——画线时手臂要向右均匀用力，快速拉动。用笔上不需要起笔和收笔，不要停留在纸面上过长时间，利用笔头的不同面画出粗线和细线，长线和短线。

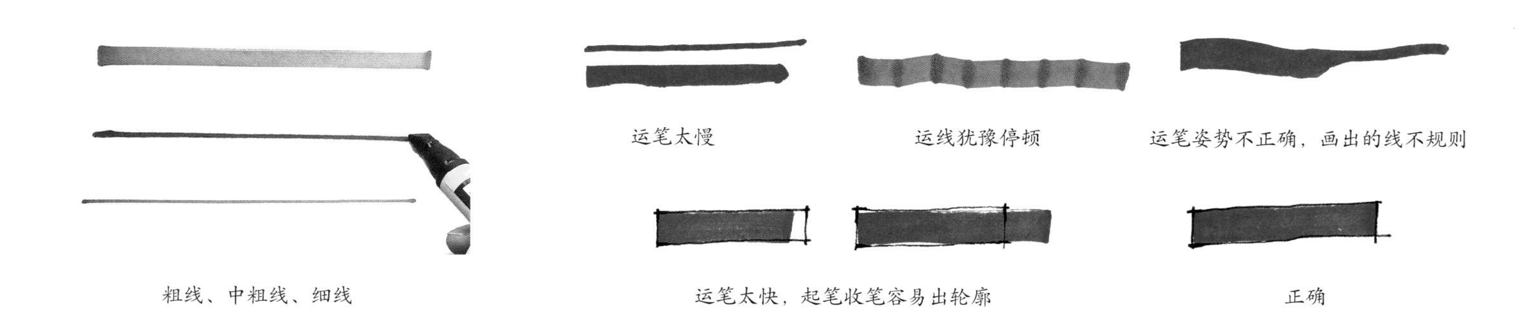

运笔太慢　运线犹豫停顿　运笔姿势不正确，画出的线不规则

粗线、中粗线、细线　运笔太快，起笔收笔容易出轮廓　正确

面（排线）——排线时笔触要均匀、快速，一笔一笔不要重叠，用力一致，笔触粗细长短相同。

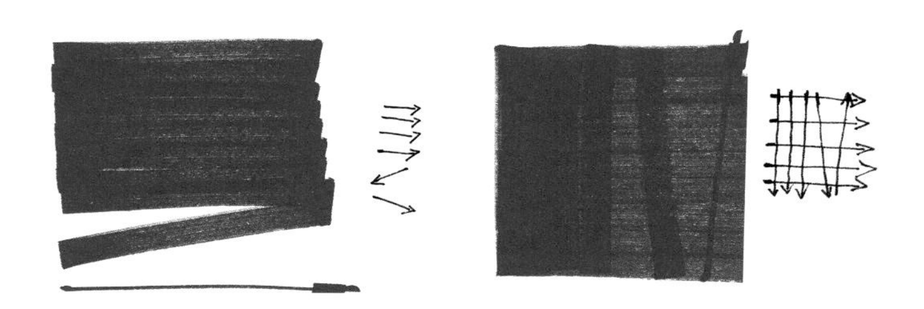

## 二、马克笔的用笔技巧

马克笔练习过程中要注意以下四点：心态放松、下笔利落、运笔稳定、力度均匀。练习时可以遵循以下几个要点，更能感受到马克笔的特性。

### 1. 笔触

马克笔绘画最重要的不是颜色，而是笔触。马克笔用笔要放松自如，不要太拘谨。笔触排列要均匀、利落、一笔接一笔不要重叠，用力一致。发挥笔头宽窄面的特点，控制线条粗细，灵活运用，有个诀窍是：把马克笔当成钢笔用。

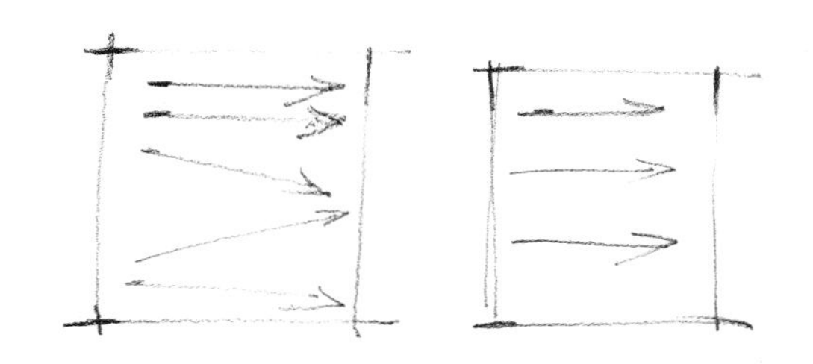

笔触横向排列方法

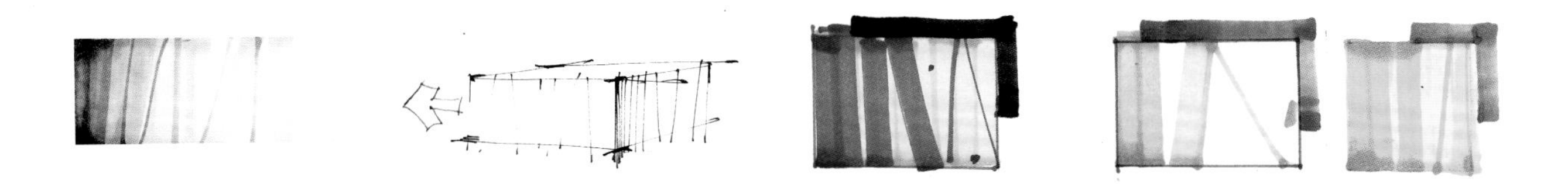

笔触竖向排列方法

### 2. 上色时先浅后深

马克笔上色遵循先深后浅的原则。为丰富画面的层次和效果，可以在第一遍干了以后再用同色或深色的笔画第二遍、第三遍，利用重叠的笔触，营造出颜色的深浅变化。

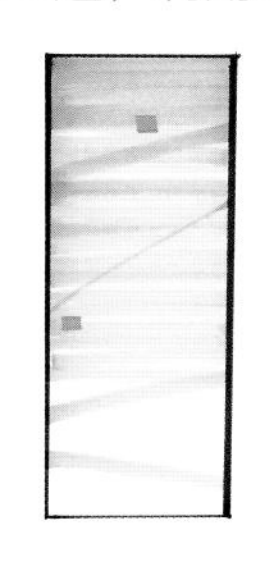
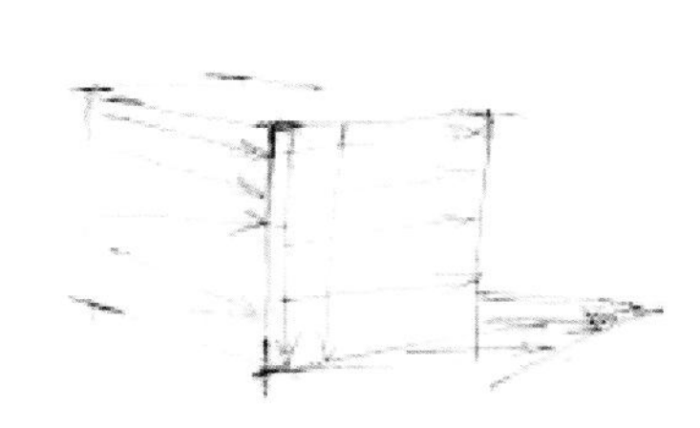
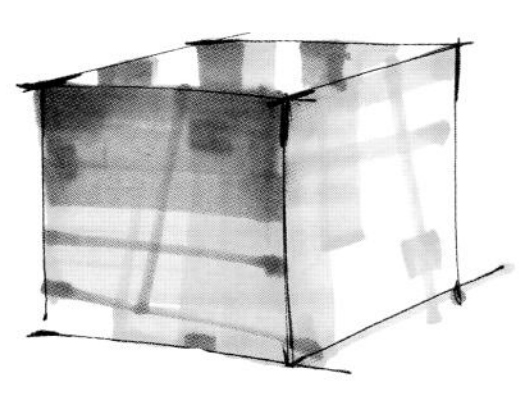

### 3. 留白

表现颜色纯度高的物体时，画面要有留白，协调色彩，调节画面气氛，同时又能表现出空间的光线感和物体质感。如果没有留白，画面会因为过闷或过艳，而显得死板不生动。

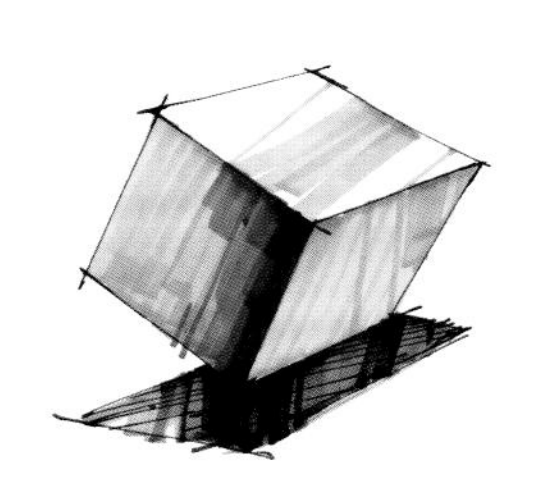
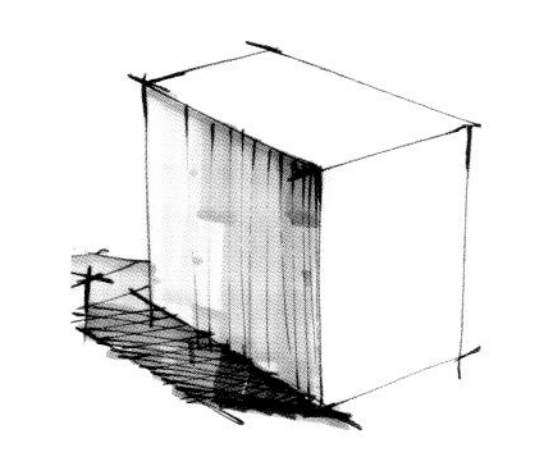
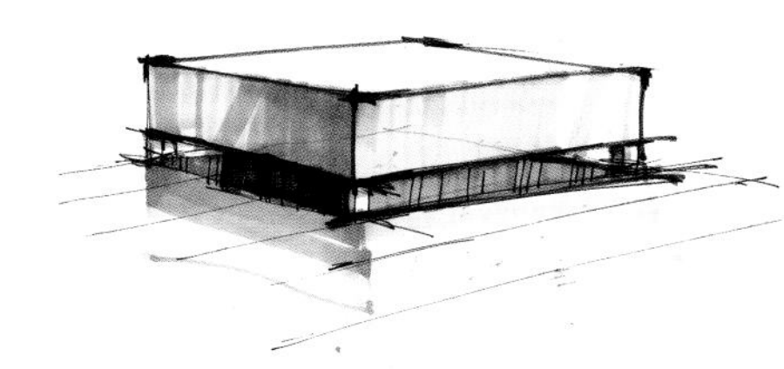
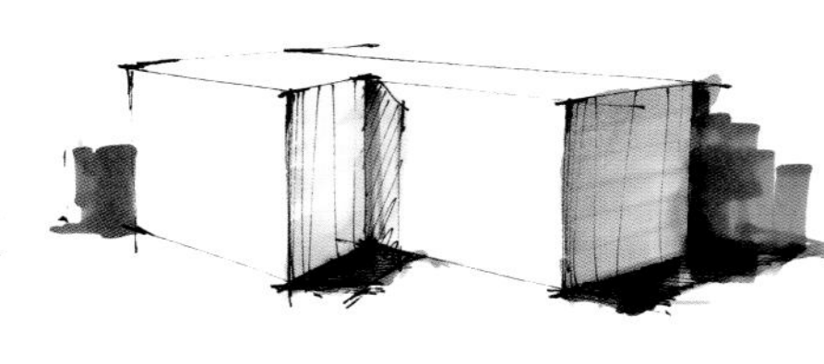

## 三、马克笔的干湿画法

### 1. 干画法

在第一遍着色完全干透后，再上第二遍颜色。这种画法给人干净利索、硬朗明确、层次分明的感觉。

#### （1）卵石材质的画法

① 先用 69 号颜色排线平涂基面。

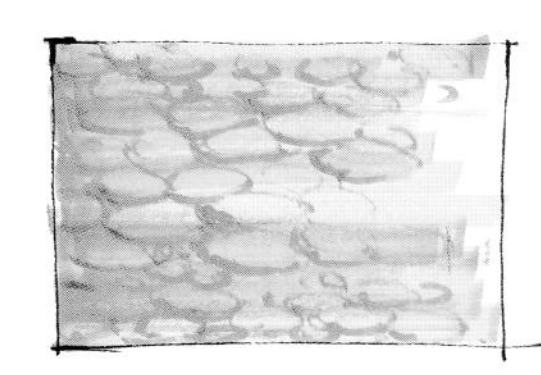

② 等第一遍着色干透后，再用 95 号颜色画卵石的轮廓。

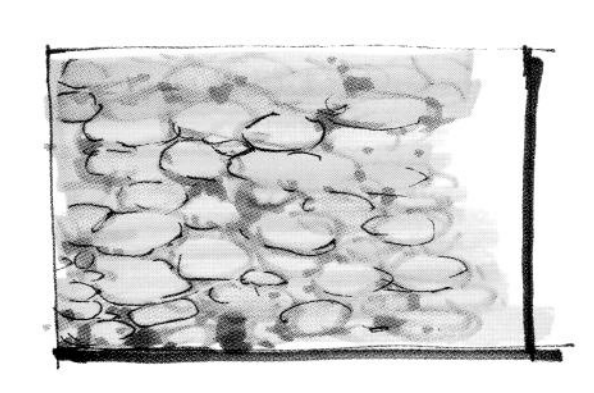

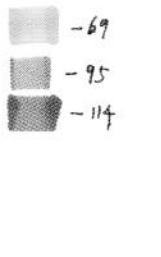


③ 最后用针管笔适当勾画轮廓，再用 114 号颜色重叠画卵石的空隙，用笔要硬朗明确、层次分明。

注：本书所有案例采用三福或韩国 TOUCH 油性马克笔绘制，其中三福马克笔都有注明，没有注明的是韩国 TOUCH 马克笔绘制。

(2) 文化石材质的画法

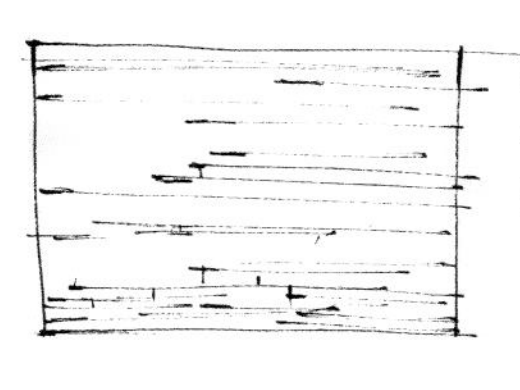

① 先用 109 号颜色排线平涂文化石的基面。

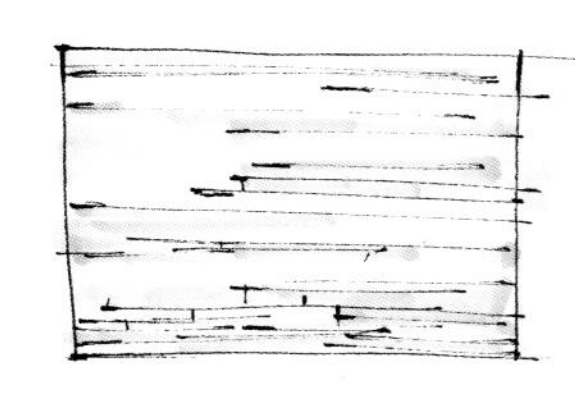

② 文化石凹凸不平，等干透后，再用 110 号颜色画文化石的灰面。

③ 最后用 111、114 号颜色重叠画文化石的暗部。

## 2. 湿画法

在第一遍颜料未干透时，迅速上第二遍颜色。这种画法给人圆润饱满、含蓄朦胧的感觉。多用于表现水景、天空等轮廓含混的物体或者物体的过渡面。

(1) 景墙砖材质画法

① 先用 78 号颜色排线平涂。

② 第一遍 78 号颜色未干透时，迅速上第二遍 199 号颜色。墙砖的过渡面一定要自然，没有明显的笔痕。

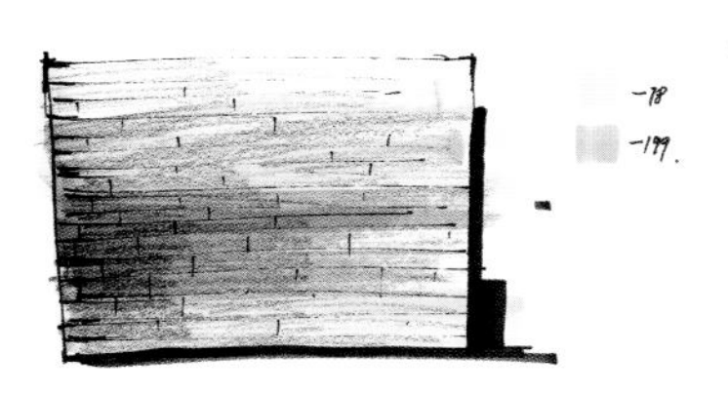


③ 最后用针管笔勾画墙砖轮廓，再用黑色彩色铅笔加深暗部，表现出光感。

(2) 混凝土质感的画法

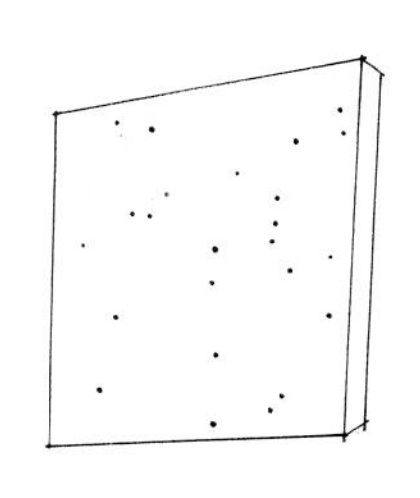

① 先用钢笔画出混凝土外轮廓，点画出混凝土的质感。

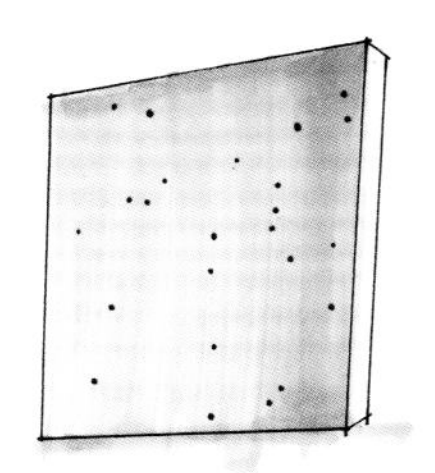

② 接着用 101 号冷灰色马克笔排笔法画出混凝土的基本色。

③ 趁第一遍颜色未干时，用 104 号颜色重叠表现，形成深浅渐变效果。

(3) 玻璃材质的画法

① 先用 198 号颜色叠画出玻璃的反光感。

② 在第一遍 198 号颜色未干透时，迅速画第二遍 143 号颜色。用笔要线、面、点相结合。

### 3. 干湿结合法

干湿两种方法一起使用，这种画法给人生动活泼、丰富多彩的感觉，使用范围也更加灵活。

#### （1）木材质感画法

① 先用 19 号颜色平涂一层木材基本色，干透后再用 69 号颜色叠画。

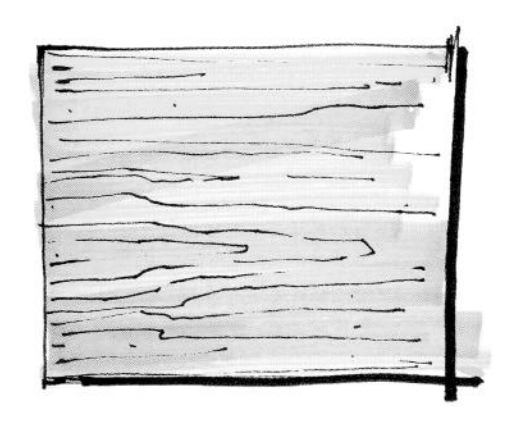

② 用钢笔画出木纹线条，木纹质感要自然流畅。

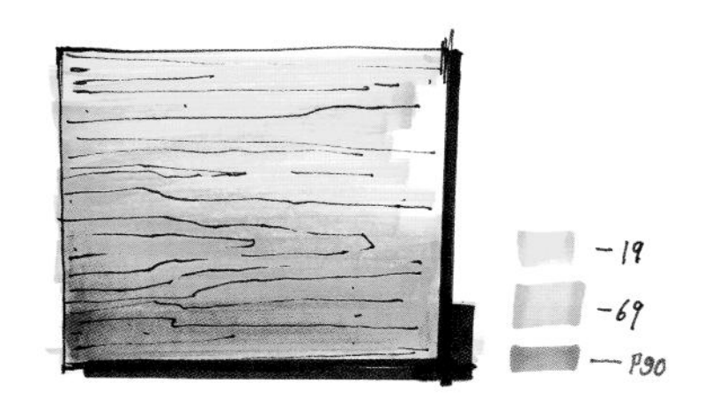


③ 最后用 90 号颜色画木材最深色的部分，在未干时用 19 号颜色叠画衔接。

#### （2）马赛克质感的画法

① 第一遍先用 171 号颜色排笔，颜料未干透时，迅速上第二遍 39 号颜色，接着用 114 号颜色叠画暗部。

② 干透后，用针管笔勾画马赛克的纹理，再用 114 号颜色点画马赛克深色的部分。

#### （3）大理石质感画法

① 先用 110 号颜色平涂，颜料未干透时，用 111 号颜色画第二遍，用笔时要画出“Z”形笔触。

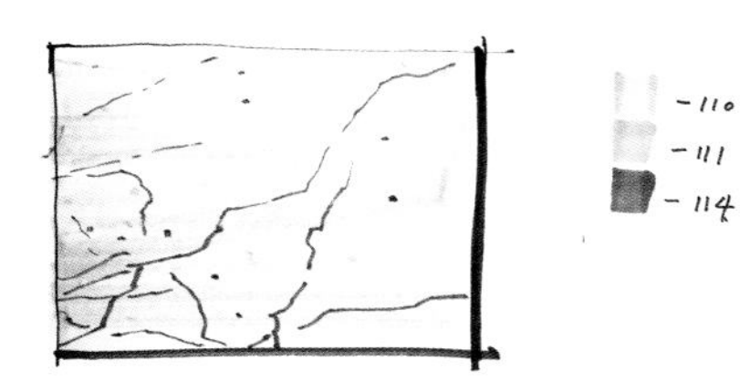


② 干透后，用 114 号颜色细头勾画和点画大理石的纹理，要表现出质感。

#### （4）拼石质感画法

① 先用 36 号颜色平涂，并趁湿点画出拼石的形态。

② 干透后用针管笔勾画拼石的纹理，再用159号颜色点画深色的拼石部分。

## 第二章

# 景观快题手绘元素表现

# 第一节 植物

## 一、植物的线稿画法

在景观表现中植物是最重要的元素之一，不同种类的植物在形态及用线处理上也会不同，应学会表现各种植物的形状、疏密和质感。

### 1. 植物线稿的基本技法

#### （1）基本笔法

植物的线条可以采用各种不同形态的曲线，曲线非常适合表示树冠的团块感，有短线、云朵线、齿轮线、尖角线等。

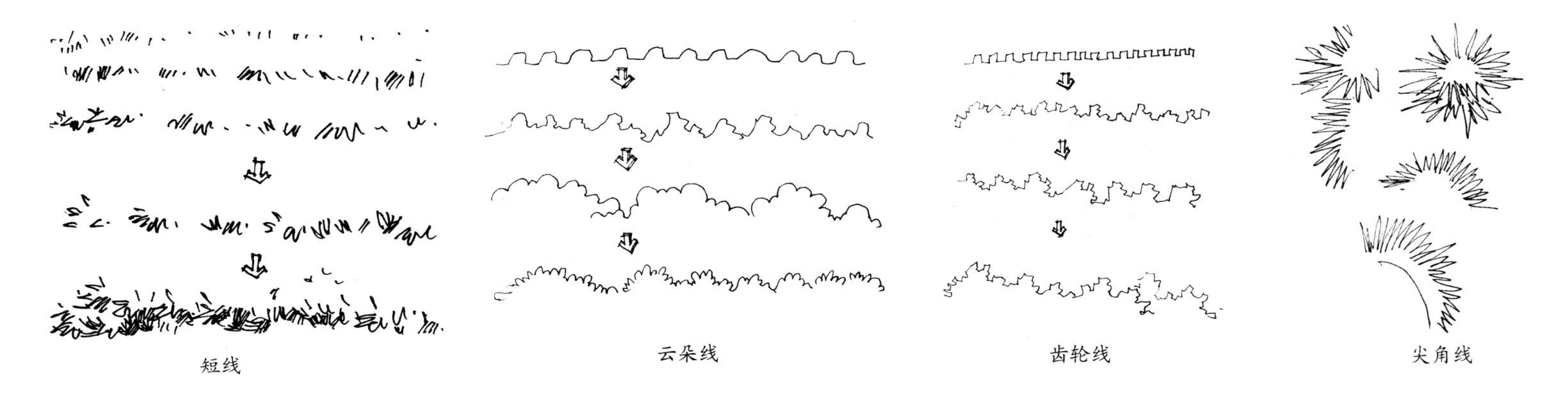


#### （2）树木的枝干画法

画枝干应注重枝和干的分支特性。枝的分支应讲究粗细枝的位置安排、疏密布置，以及整体的均衡。主干应注重布局安排，力求重心稳定，开合曲直得当，在主干的基础上添加小枝后就可使树木的形态栩栩如生。

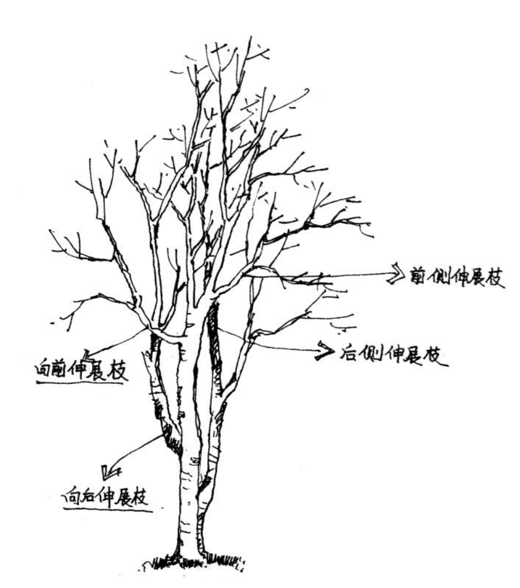

### （3）树木形态的画法

应根据树木的种类、远近等选择不同的表现方法。我们可以用几何形的方式来分析树的形态结构，将一棵形态复杂的树控制在一个最简便、最清晰、最能表现其外部轮廓的几何形式之中。这样便于对树种的描绘，例如，灌木类是圆球或圆球的组合，落叶乔木形似圆球形，常绿树近似于圆锥体。抓住树木的几何形态，就抓住了不同树种的相貌特征。

#### ①写实式画法

写实画法是较具象深入地表现树木，常用于表现近景树。

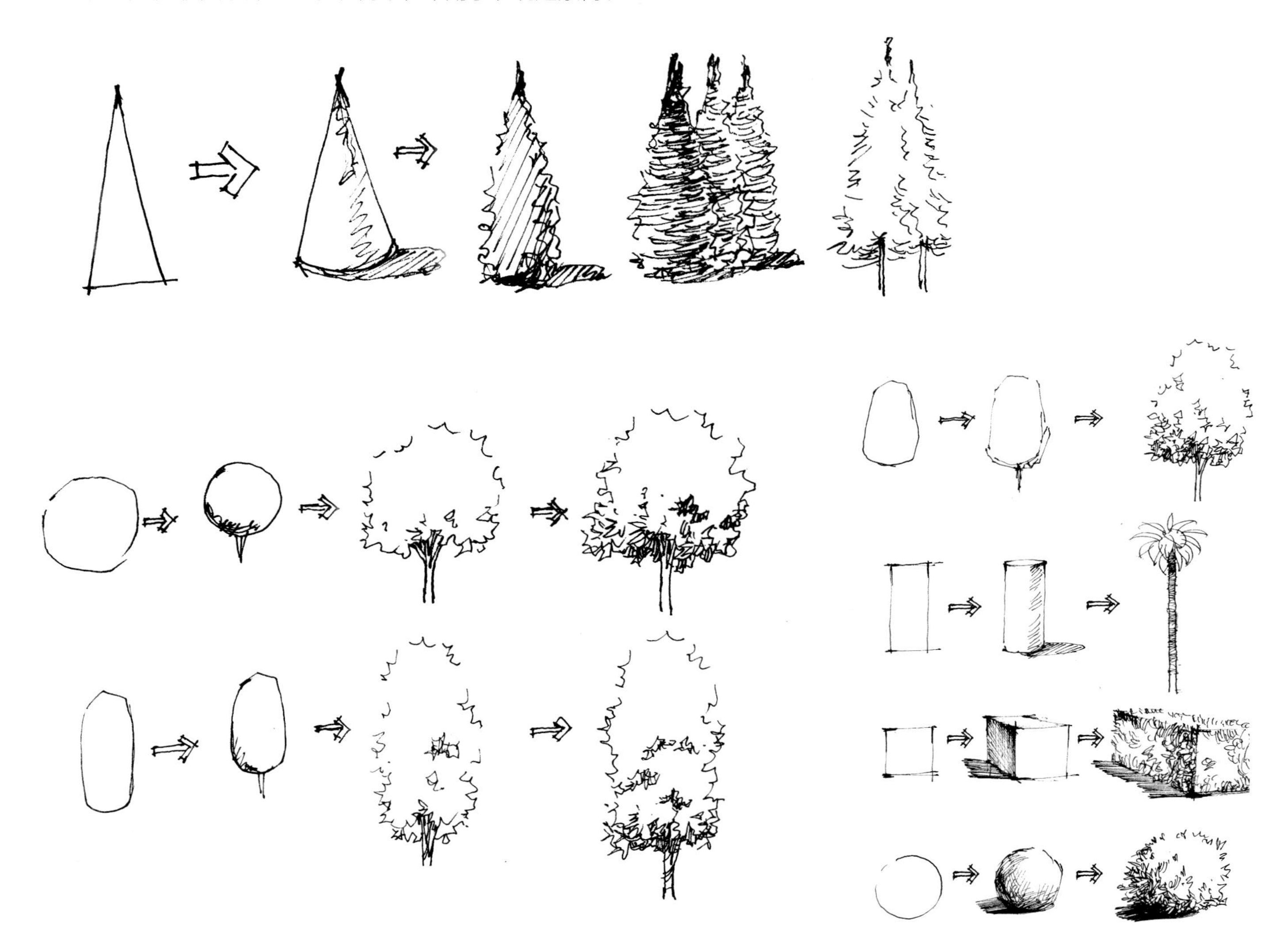

②图案式画法

图案式画法是简单地画出树木的外轮廓和简单明暗关系。常用于表现远景树木或草图等抽象感的画面。外轮廓线条要流畅，内部结构线条要有疏密变化，注意点线面的结合。

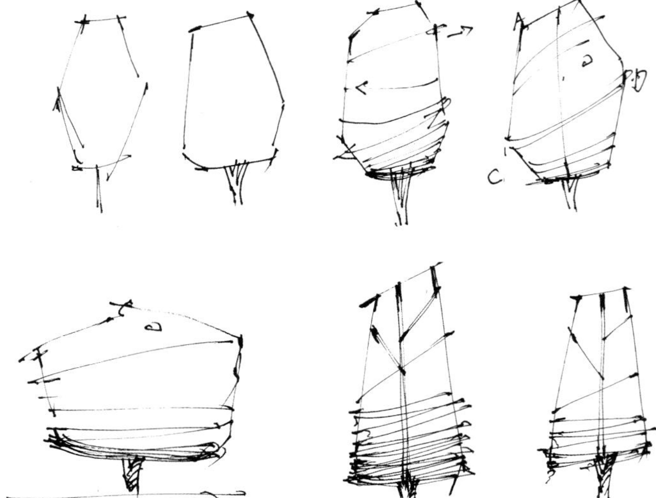


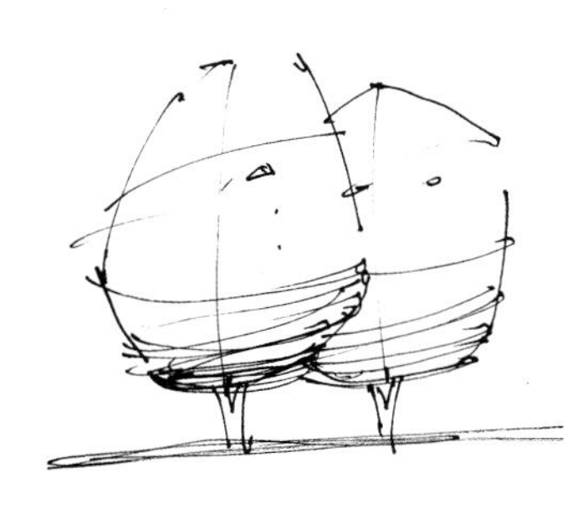
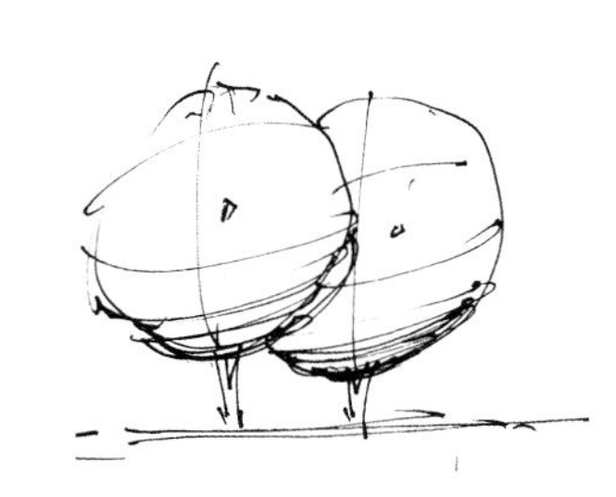
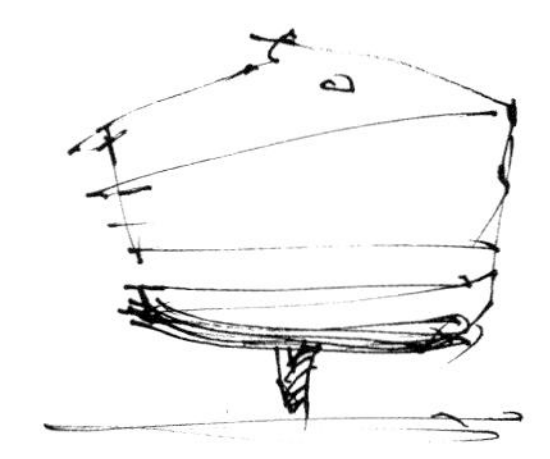
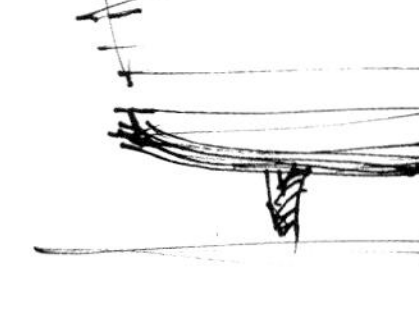

## 2. 植物单体的画法

一般植物分为四大类：乔木、灌木、地被、花草。

### （1）乔木

①表现步骤

画乔木树种首先要把握树冠带给我们的外形感受。先找准对象轮廓特征，再深入内部的结构、比例、姿态等关系。以下是乔木的表现步骤。

①用四边形外框确定乔木的高宽比。

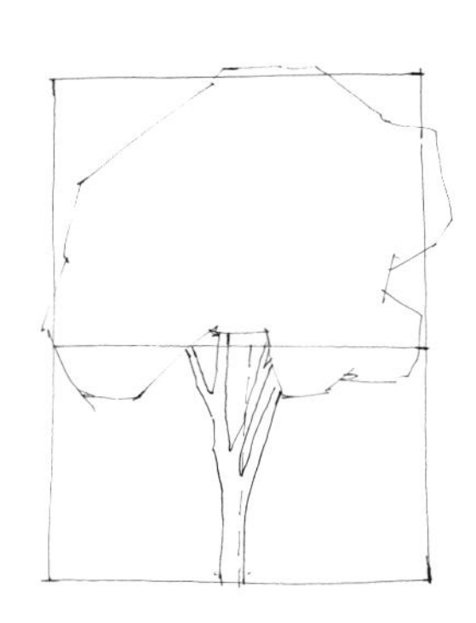

②接着略去所有细节，只将整株乔木作为一个简洁的平面图形，画出树冠轮廓，明确乔木的枝干结构。

③继续刻画乔木的整体轮廓线。

④最后用线条体现树冠的质感和体积感。

## ②表现实例

乔木是具有明显主干的直立树木。近景边缘乔木在画面中起到框景的作用；前景乔木的树干可稍作刻画，但也不必过于仔细，树冠要画得自然有变化；远景的乔木则只需要画出大体的轮廓即可。

### （2）灌木

灌木没有明显的主干，是矮小而丛生的木本植物。画灌木时要有几何体的概念。

（3）花卉、地被

花卉、地被是低矮丛生、枝叶密集，或匍伏性或半蔓性的灌木。不同的地被可以根据其形体选择不同的表现线形。

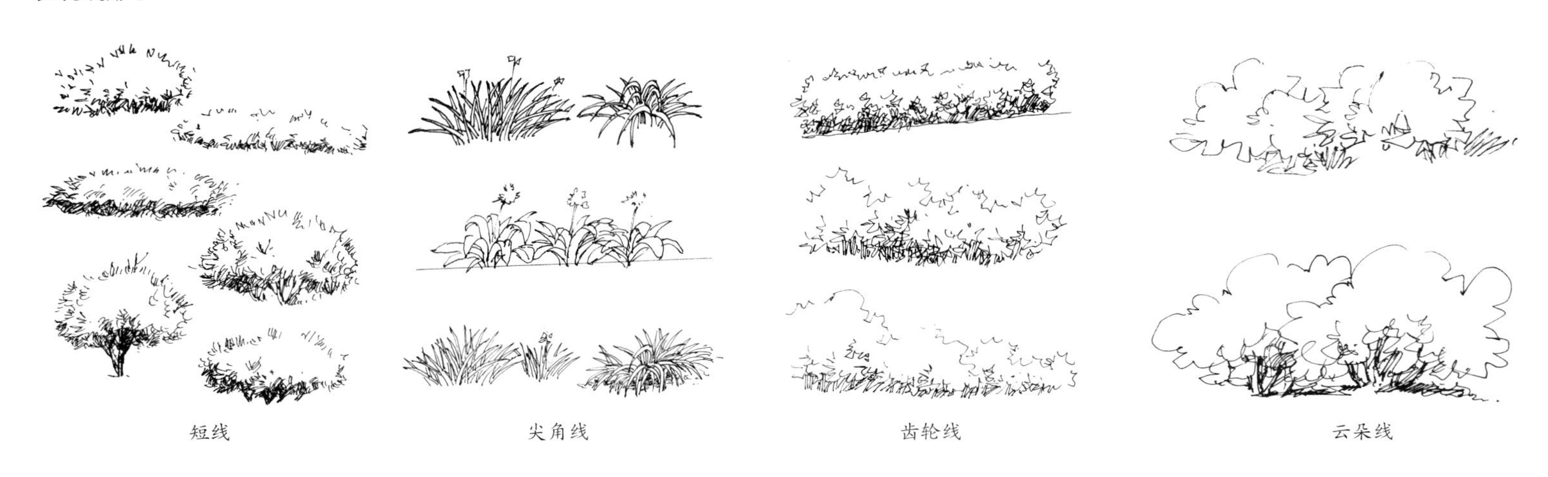

（4）针叶树

针叶树包括松类和柏类，这两类植物形态特征比较明显。柏树以圆锥树形居多，松树则要注意画好树叶的组团关系。

（5）棕榈类植物

热带棕榈类植物树形具有独特的气质，能够有效地表达一定的环境气氛。一般用尖角线来表现棕榈类植物。

棕榈树的表现画法

棕榈树的平面画法

## 二、植物的马克笔上色

在表现图中，植物着色没有严格的季节及时间的要求。只要准确地表达出冷暖关系、明暗关系，色彩搭配准确就可以。

### 1. 表现植物的基本马克笔笔触

#### （1）团状弧形笔触

可以用带有弧度的笔触绘制外形较规则的球形植物，如大型乔木、绿篱等。

#### （2）发射状针叶形笔触

适用于叶片形态狭长且明显的植物，如针叶类、阔叶类、棕榈类以及花草等。针叶形笔触要根据叶片的长势调整笔触的长短、方圆、大小。可以由外向里画，也可以从里向外画，做到统一中有变化。亮部的笔触较虚，暗部笔触偏实。植物一般根部的颜色深，外面颜色浅，在绘画中反过来根部浅，外围深也可以。

（3）块状笔触

利用马克笔不同角度的块状笔触组合排列，形成“谷”字形或“品”字形的单元形态，再将几个单元形态组合在一起就形成了整体树形。在此基础上，加重局部暗部，添加点叶，就可以形成生动的效果。

画到外轮廓时，要利用笔触的形状，以及组块之间的留白来体现轮廓的起伏。注意暗部不能画得太闷，需要留些空白使画面透气。

这种画法较为灵活多变，广泛适用于多种种类的植物，具有很强的概括性。

用块状笔触绘制树木

用块状笔触绘制草坪

## 2. 单体植物的马克笔表现

### （1）乔木

①实景式画法

① 抓住主要形态，先用浅绿色画树冠的亮面。笔法上要用团状弧形笔触表现出树形的主要特征。

② 趁着第一遍还没干，叠画中绿色，趁湿叠色能将两种颜色的笔触很好地融合到一起。

③ 继续用略深的绿色块状笔触画树冠的暗面，表达出树冠的层次关系。

④ 最后用深绿色画树冠与树干相接处以及树冠的暗面，用笔上要少而精，不要涂死。

②图案式画法

用不同粗细、轻重、虚实的线条来表现树木。

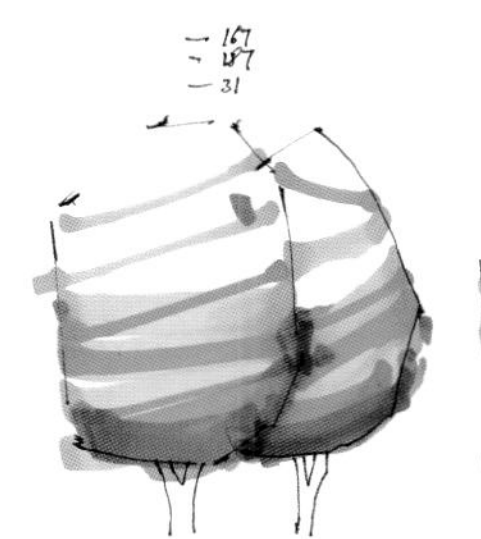

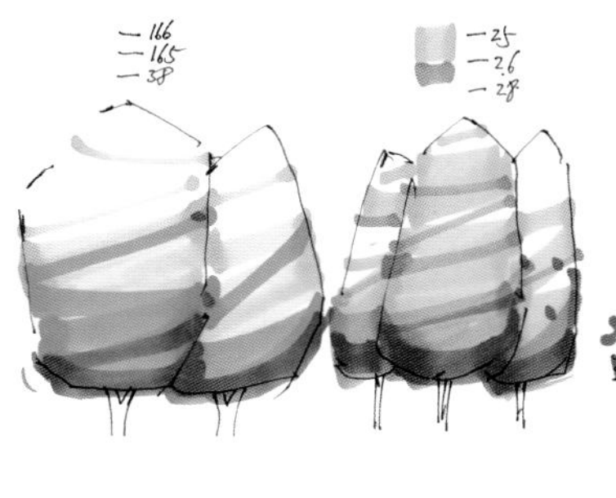

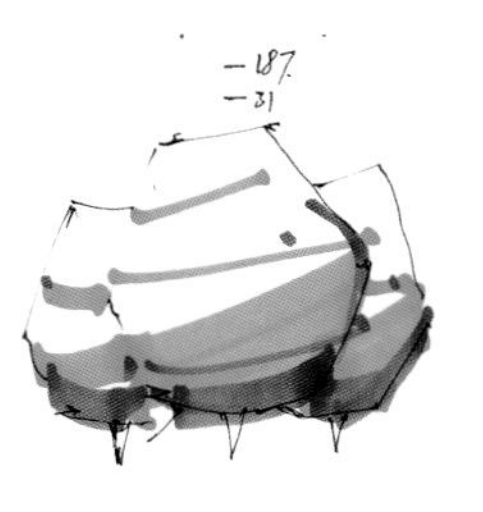

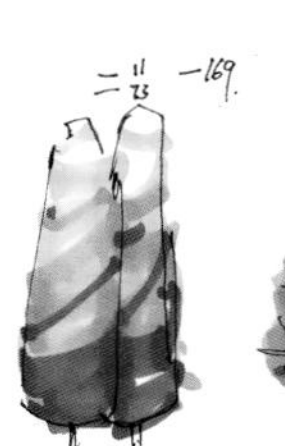

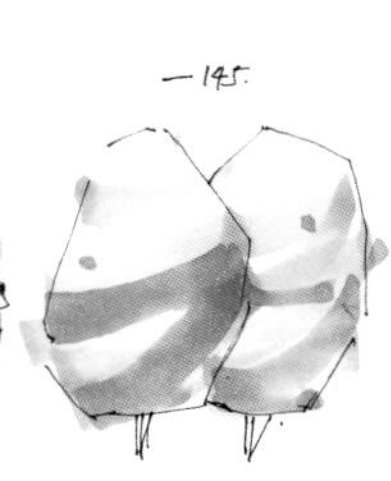

③表现实例

## （2）针叶树

### ①松树的实景式画法

① 线条表现要用尖角线来表现树冠蓬松疏散的特点。树干要画出轮状分枝，节间长，小枝比较细弱平直或略向下弯曲。

② 接下来用三福 195、165 号画树冠的亮部。用笔要用团状弧形笔触，使颜色衔接自然。

③ 继续用三福 31、184 号叠加树冠灰面，适当调整外形，使之有变化。

④ 接着用三福 149 号画树干，再用三福 98 黑色画树干的暗面和向下弯曲的枝干。最后用三福 195、26 号画地面植物，强调画面整体黑白关系。

### ②柏树的图案式画法

① 先用三福 166、198、26 号分别画柏树的亮面。

② 再用三福 28、134 号分别画柏树的灰面。

③ 最后用三福 31、38 号，以线和点结合的笔法画柏树的暗部。

（3）棕榈科植物

棕榈科植物一般呈扇叶状，表现时先把握总体的球状体积，着重刻画边缘部分具体的叶片结构形态。用笔要有变化，用长短不一有变化的笔触形成点线面的组合，营造趣味性。用笔时注意叶片的向心性。同一个叶片要注意从根部到亮部由深到浅的颜色变化。

①棕榈树的表现步骤

① 整体是一个倒的圆锥体，根据光源方向，分出大体的明暗关系，确定大体色调。用三福 192 号浅绿色一次铺满中间层次和暗部，亮部要留白。

② 用三福 167、165 号绿色马克笔叠加暗部，用笔要有一定的速度，趁湿接笔，使颜色衔接自然，暗部颜色融合在一起和亮面产生虚实变化。

③ 选择几处最前面的叶片充分刻画其结构。适当调整外形，使形态更生动。用三福 186 号深绿色刻画叶片朝下的面，并画出投影，增强树冠的结构特征。用三福 98 号黑色画几个点强化结构。根据画面整体，添加一些周边的零散叶片，使画面更生动耐看。

②椰子树的表现步骤

① 线条要注意前后堆叠关系，表现不同朝向叶片的透视变化。分出大体的明暗关系，确定大体色调。着色时不必考虑具体的叶片形态。用三福 165 号浅绿色一次画满整个中间过渡层次和暗部，亮部留白。

② 用三福 165 号颜色从暗部开始叠画叶片，选择从整个树冠中最前面的叶片根部以及朝下的部分开始加重，也可以几组相邻的叶片一起画，使暗部的颜色融合在一起，和亮面产生虚实变化。

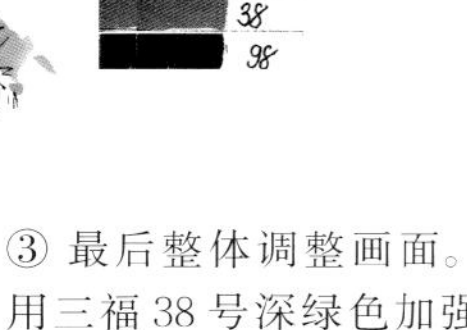


③ 最后整体调整画面。用三福 38 号深绿色加强局部叶片，用三福 98 号黑色选择几处最前面的叶片充分刻画结构，增强体积感。

③表现实例

（4）灌木

①表现步骤

① 灌木色调特点是上浅下深、上虚下实，先用三福 192 号浅黄绿色画灌木的受光面。

② 接着用三福 166 号中绿色画灌木的背光面，要注意与受光面的衔接。

③ 最后用三福 165、184 号偏冷的深绿色画灌木的最暗处。注意点与面的结合。

②表现实例

### （5）花卉

①表现步骤

① 表现花卉先从形态来画，用三福 11 号浅粉红色画受光面。

② 接着用三福 137 号较深的灰粉红色画花卉的背光面，用发射状针形笔触。用笔要有空隙，不要画得太满。

③ 最后用三福 169 号深粉红色画花卉的最暗处，笔法上要用点和线相结合的方式表现花卉。

②表现实例

### 3. 植物组团的马克笔表现

①表现步骤

① 在表现近处的乔木时，用笔的遍数不宜过多。先用三福 197 号画乔木和灌木的受光面。

② 再用三福 25 号略深的黄绿色画乔木和灌木的灰部，营造丰富的层次。

③ 用三福 167、187 号中绿色画乔木的暗部。再用三福 141 号颜色画针叶树的亮面。

④ 用三福 38 号蓝绿色画针叶树和灌木的暗部，注意针叶树色彩较深，灌木次之，草乔木最浅。

②表现实例

丛生五角枫
白蜡
沈阳桧
山杏
榆叶梅
紫丁香
水蜡球
新疆杨
五角枫
连翘
沈阳桧
栾树
西安桧
榆叶梅

## 三、植物的平面图表现

植物在景观应用中有乔木、灌木、花卉、绿篱、草坪、藤本植物、水生植物等不用类型，这些不同类型的植物平面图表达各异。

### 1. 树木的平面图表现

树木的平面表示以树干位置为圆心，树冠的平均半径为半径画圆，中心用点或小圆表示。树木有针叶树和阔叶树之分，在配置时有孤植和丛植、群植和林植、片植、篱植等不同的种植方式，在表达时应该有所区别。

#### （1）单株针叶树

针叶树的树冠外围线为锯齿形线或斜刺形线。

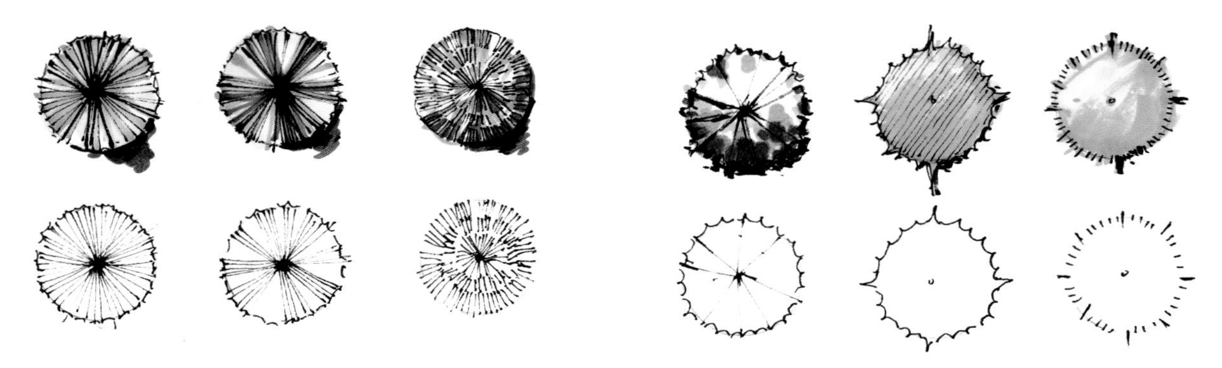

#### （2）单株阔叶树

阔叶树的外轮廓为圆形或裂形线，表现手法上有轮廓型、分枝型、枝叶型等。

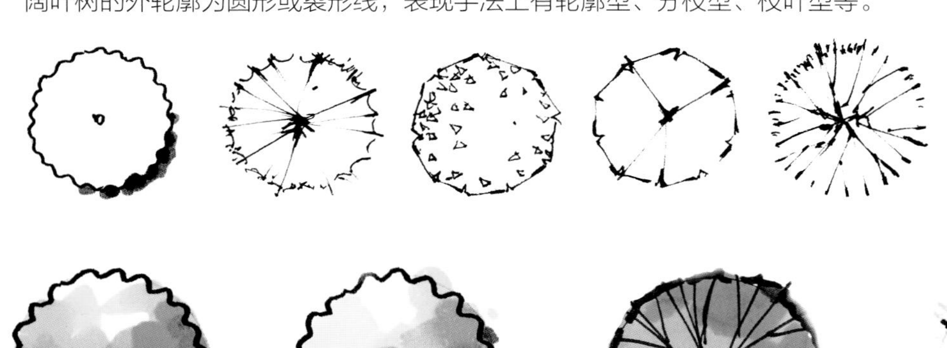

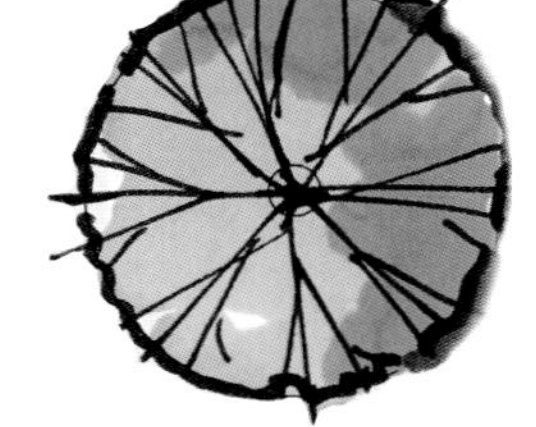

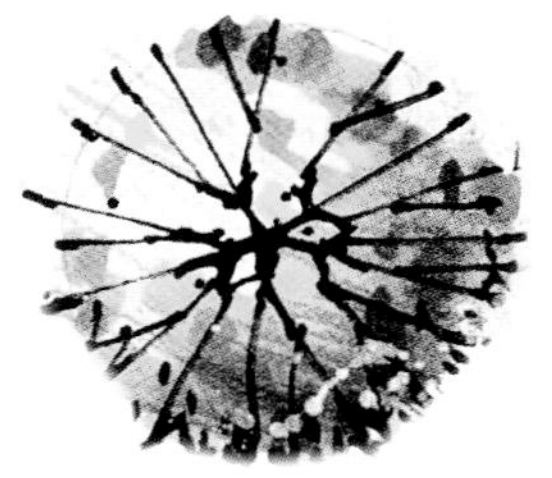

轮廓型：树木平面只用线条勾勒出轮廓

分枝型：在树木平面中用线条的组合表示树枝或树干的分叉

枝叶型：在树木平面中既表示分枝，又表示冠叶

（3）树丛、树群

注意树冠重叠部分的表现，可以画出上方树的完整树冠，而下方树的树冠被遮挡住了就不画，可以把两树冠重叠的部分擦掉不画，也可以上下树冠都画出来。添加落影是树木平面图表现最重要的手段，它能增加图面的立体效果，使图面更加立体、有生气。落影常用落影圆来表示，当然有时也参照树形稍作些变化。

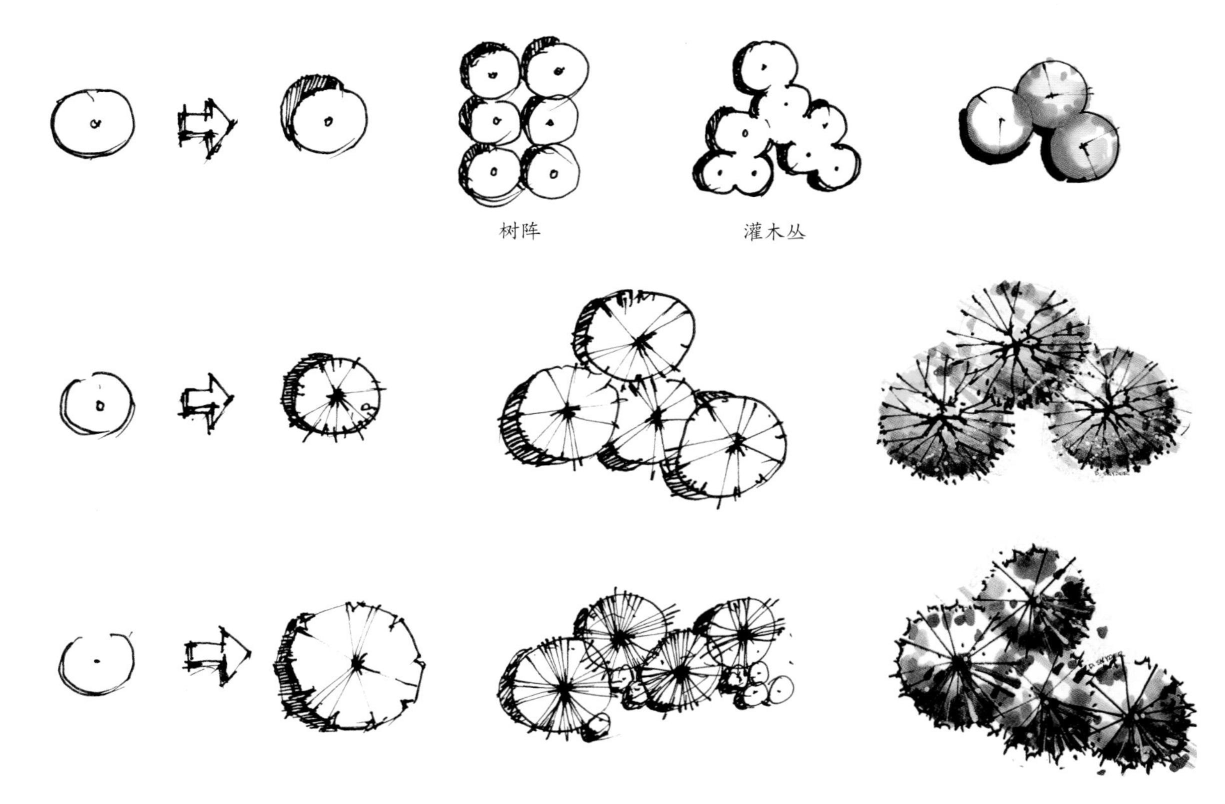


（4）树林

树林有疏林和密林之分，区别是疏林的图例中要留有一定空隙，而密林不留空隙。

### 2. 花卉的平面图表现

花卉在景观应用时常呈带状种植，作为镶边植物，其平面图表现如下图所示，可以把花丛的外轮廓弧线画成不规则曲线。上色时用单色、叠色均可，用色可适当明快，色调可适当偏暖。

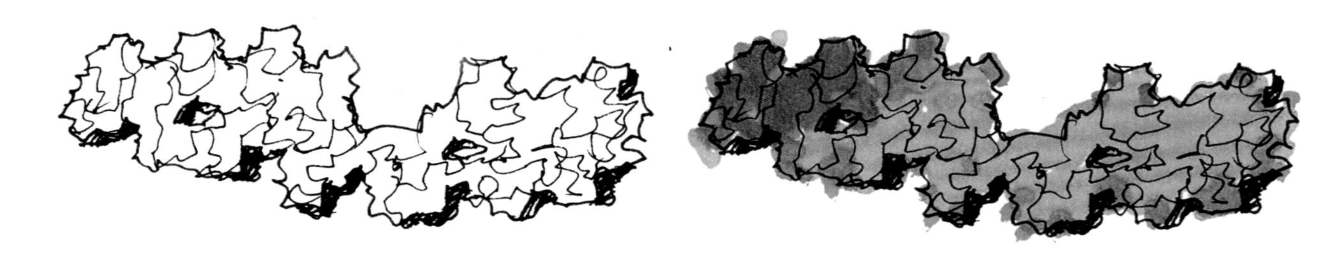

### 3. 绿篱的平面图表现

绿篱在景观应用时有自然形的绿篱和整形绿篱，其区别是整形绿篱的平面形状多为规则型，自然形绿篱的平面形状是不规则形。

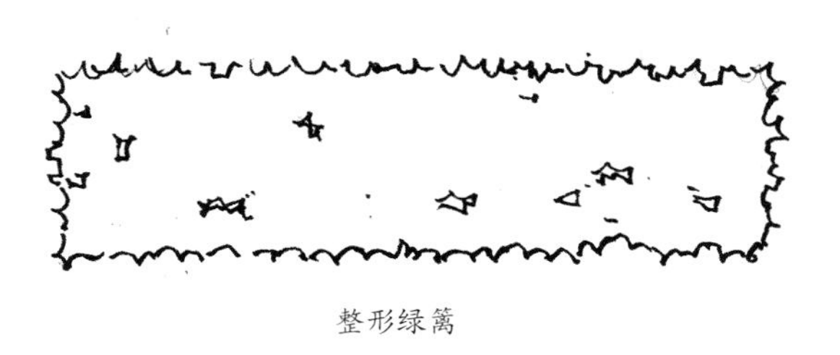

整形绿篱

自然形绿篱

### 4. 草坪的平面图表现

草坪一般有圆点法和短线法等表现方法，马克笔以平涂方法画草坪。

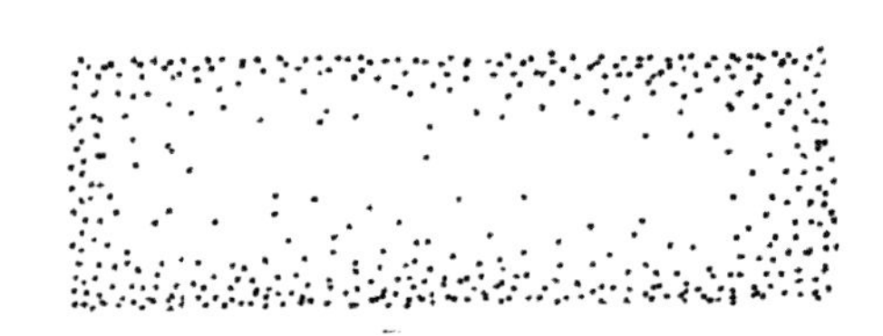

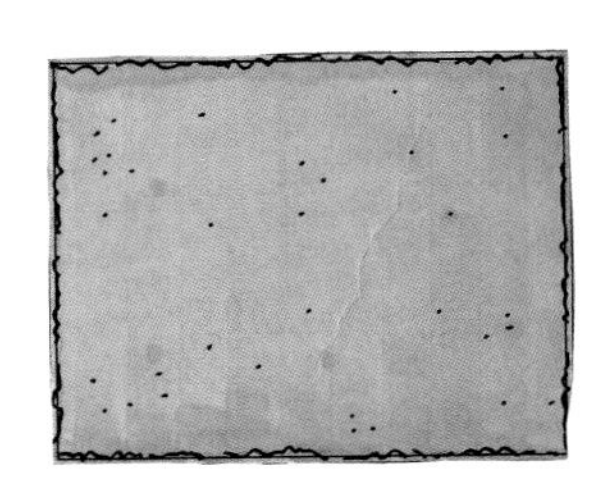

## 四、树木的立面图表现

在景观表现中，树木的立面表现有写实画法和装饰性画法两种。写实画法应注意树的质感和体积感的表现。树木的受光部多分布在树冠上部，暗部集中在树冠下部，特别是树枝与树冠交界处明显偏暗。

工程图一般用装饰性画法，要注意树冠的整体造型，突出画面图案化的效果，一般将其归纳为单纯明确的几何形，线条的组织常常都很程式化。

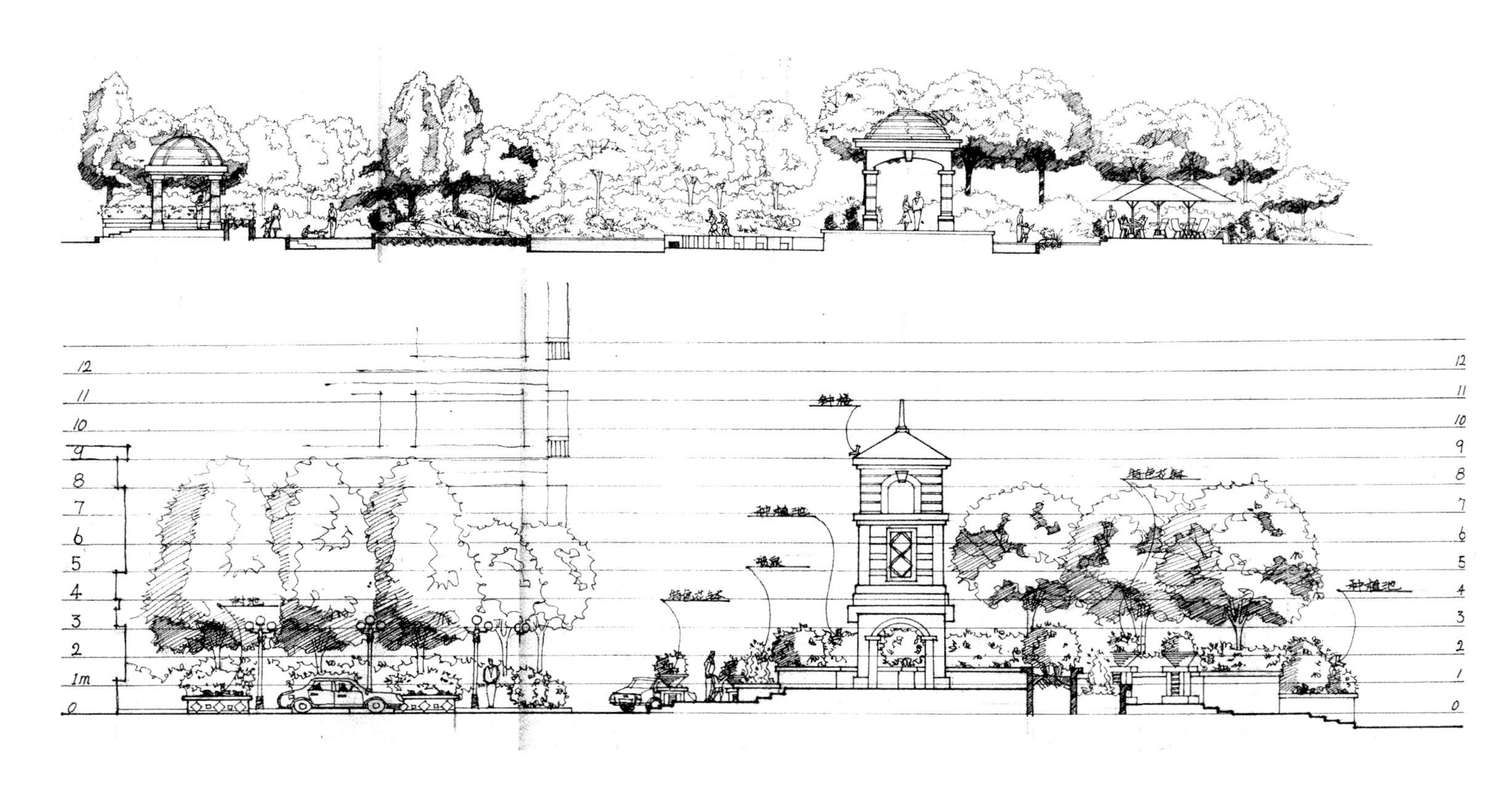

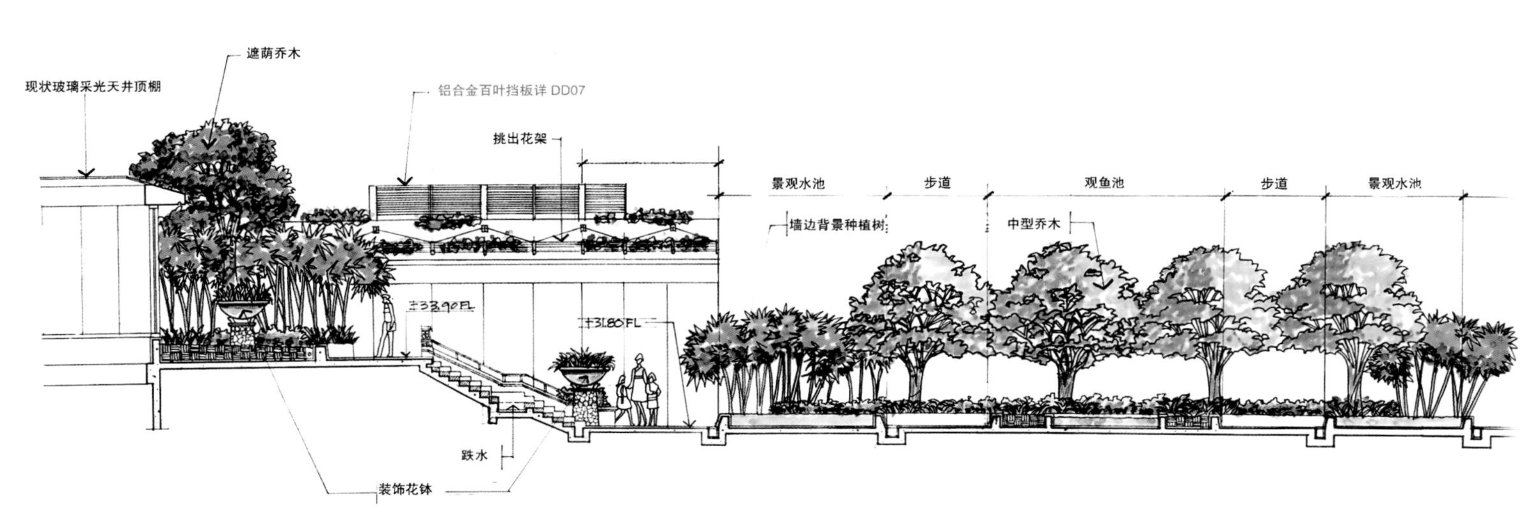

# 第二节 水景

水景是景观设计的主要内容之一。水景是最富有生气的构成元素，无水不活，喜水是人类的天性。水体在景观中有统一、纽带、景观焦点等作用。

水体可分为自然式水体和规则式水体，也可分为静水水体和动水水体。

## 一、静水的表现

静水特征：水面开阔且基本不流动。

表现特点：静水的水面宽阔，可将周围景观映入水中成倒影，形成景物的层次和朦胧美感。

### 1. 静水的线稿画法

画静水时可用波浪线，也可用直线。线条之间长短要有变化，画倒影时水面与景物交接的地方排线要密。

用波浪线画静水时，用笔的弧度要比抖线大。

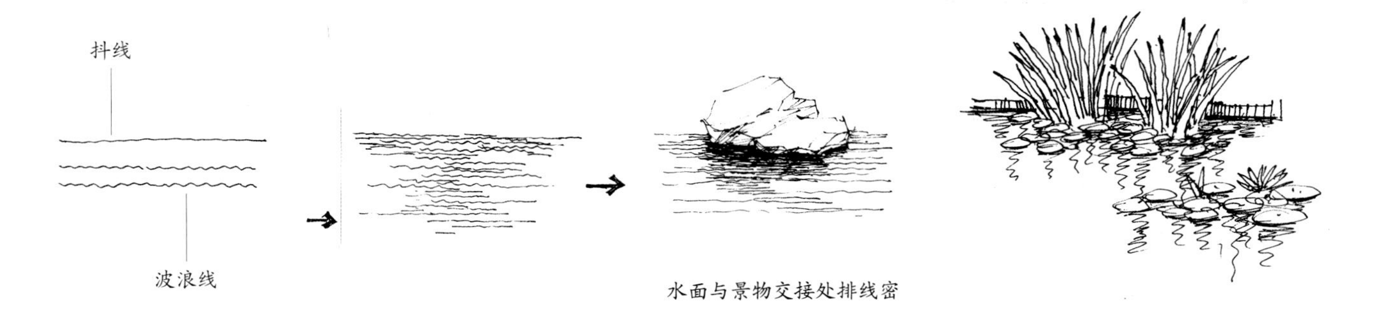


用直线表现静水时，可以用循环线来表现景观的倒影，用笔上要有韵律感。

## 2. 静水的马克笔上色

静水的颜色要表现出周围的环境色，马克笔的用色要有力度，适合用湿画法表现水面的朦胧感。

步骤

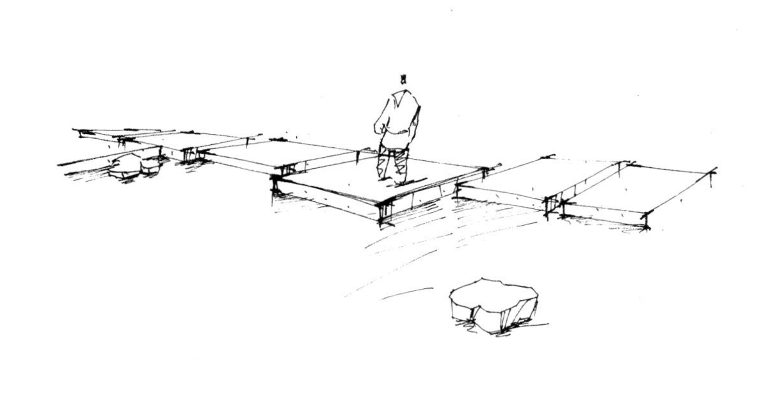

① 先用针管笔直线画出水面的倒影，注意线条的疏密变化，在石材的交接处线条要密。

② 开始给水面上色，用 198 号颜色排线画出静水的开阔稳定感。

③ 接着在第一遍 198 号颜色排线未干时，加 48、143 号叠画水面，要画出光线投影水面的光感。用 156、155、158 号颜色分别画石材亮面、灰面和暗面。

④ 最后进一步加强黑、白、灰三个层次的变化，用 142 号颜色进一步加强石材与水面交接处的颜色，最后用 159、160、98 号颜色画石材暗面和投影，注意点、线、面的结合。

## 二、流水的表现

流水有急缓、深浅之分，也有流量、流速幅度大小之分，蜿蜒的小溪，潺潺的流水使环境更富有个性与动感。

### 1. 溪流

要表现出蜿蜒曲折、潺潺流水的特点。

流水线条表现要注意透视关系，线条要注意虚实变化。马克笔上色时要用颜色重叠的方式画出水面的明暗对比，注意笔触的运用。

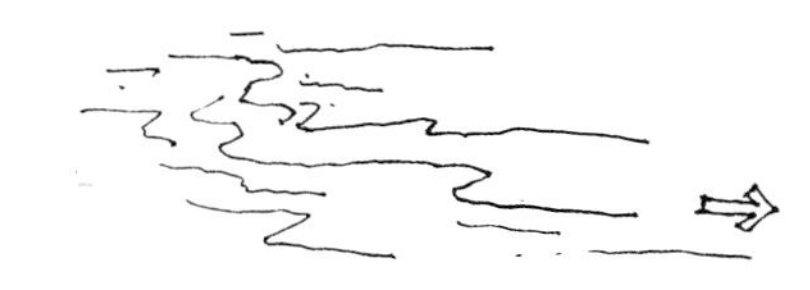

波纹线，波纹线之间要有疏密变化

用最少的颜色尽量画出丰富的感觉

步骤

① 先用波纹线画出蜿蜒曲折的动感，纹路之间的距离要有疏密变化。

② 开始给自然式流水上色，用三福 48、198 号颜色湿画法的方式画出水面的明暗对比，注意笔触的运用。然后再用三福 10、166 号颜色分别画植物。

③ 继续画桥面，用三福 69、89 、95 号颜色排线平涂表现出木材质感。

④ 最后调整画面，用三福 142 号叠画水面的投影部分，用三福 110、113 号画石块的亮面和暗面，再用三福 165 号画植物深色部分，上色时注意水面的明暗对比及笔触的运用。

## 2. 瀑布

绘画瀑布时要表现出自落差较大的悬崖上飞流而下的水流。

线稿的绘制用笔要有实有虚，用点线结合的方式。马克笔上色用扫的方式叠画，上重下轻。

步骤

① 画瀑布的线条不要太实，线条要有虚实变化，水花的表现要体现水流的大小。

② 用48、198号颜色以扫画的方式叠画水面，用笔上重下轻，用99、100号颜色画石块亮面。

③ 最后用134、142号颜色叠画水面，用105、107号颜色画石块灰面和暗面，166号颜色画植物。

表现实例

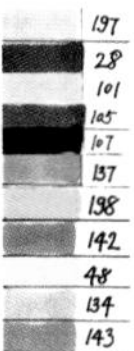
197
28
101
105
107
137
198
142
48
134
143

### 3. 跌水

画跌水的关键是要画出断岩峭壁、台地陡坡或人工构筑假山形成的陡岸梯级，因为是这样的地形造成水流逐级跌落。

步骤

① 线稿简单概括即可，只需分清山石、水体和植物的关系，跌水和周围岩石的线条形成虚实对比。

② 从亮面的浅色调开始画，由远到近依次铺设整个画面的基本色调。找出光源，“石分三面”是画石头的基本方法，在上色时注意把山石的体块感表现出来。

③ 完整画面整体的色彩关系，对于跌水的刻画运笔要果断、快速，调整画面整体的色彩关系，加强明暗与光感的刻画。

④ 最后通过加强画面的明暗关系和石材质感的表现统一画面。灵活使用高光笔对亮面进行一些塑造，刻画流水细节，营造流水氛围，以及画植物的背光的颜色。注意把握好流水的透视，协调好画面的整体效果，完成刻画。

## 4. 喷泉

喷泉造型的自由度大，形态要表现出美的姿态。常用白色涂改液刻画喷泉的水花。

步骤

① 线条要画出水的动感，注意喷泉的形态和下落的小水花的表现。

② 先用 192、48、107、157 号颜色分别画草坪、水面、石块和大理石亮面。

③ 接着用 25+ 165、166 号颜色分别画草坪、大理石的灰部，用 141 号颜色画背景植物。

④ 最后用 39、142 号颜色画水面的暗部，白色涂改液画喷泉和水花。用 165、187 号颜色加深背景植物，着色时要和水面形成对比。

## 5. 珠泉

步骤

① 勾画珠泉景观轮廓时，注意景墙材质与水面的对比，不需勾画喷出的珠泉。

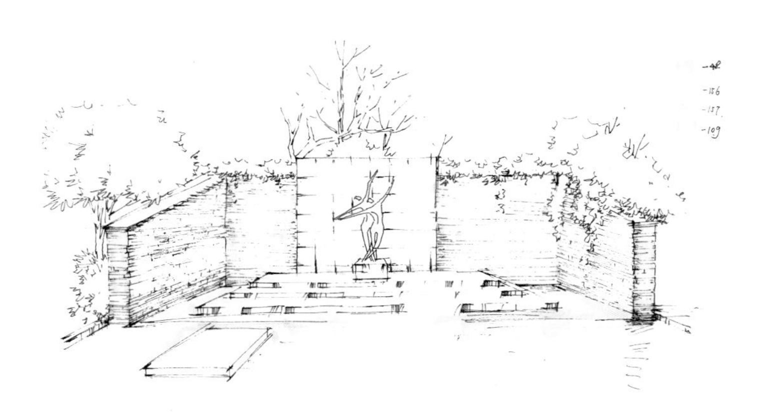

② 先用 48、156+ 157、107 号颜色分别画水面、景墙的墙砖、景墙的大理石。

③接着用 134、142 号颜色画水面的台阶，192、197、36、141 号颜色分别画植物的受光面，159 号颜色画景墙的暗面。

④最后用 25、27、167、187、28 号颜色画灌木，用 195、166、167、165、38 号颜色画乔木，珠泉用白色涂改液提画出自水底涌出的串串气泡即可。

## 6. 壁流

要画出附着石壁留下的水流，注意要留出空白。

壁流马克笔表现

水面随池壁角度流落

## 7. 涌泉

要画出自下涌出水面的水流。

步骤

①用针管笔将暗部区域加重，重点刻画涌水部分。

②首先用 48 号颜色排笔画水面，然后用 195 号颜色画水面的环境色，143 号颜色叠画水面，注意用笔要有轻重变化。

③接着用 198 号颜色衔接深色的水面颜色，用 142 号颜色画水面与岸边深色的部分，用 47 号颜色衔接过渡。最后岸边石材用 99、101、104、98 号颜色排笔叠画，用 192、26 号颜色画岸边的草坪，用白色涂改液提画涌泉的亮面和水花。

注意岸边与涌泉的虚实关系及在空间中的比例与尺度

画涌泉时用涂改液提亮，周围要适当画暗些

将修正液当作画笔表现涌泉

## 8. 漫流

绘画漫流时，常用涂改液表现水面的高光部分和四溢的水流效果，并用涂改液点出水花。

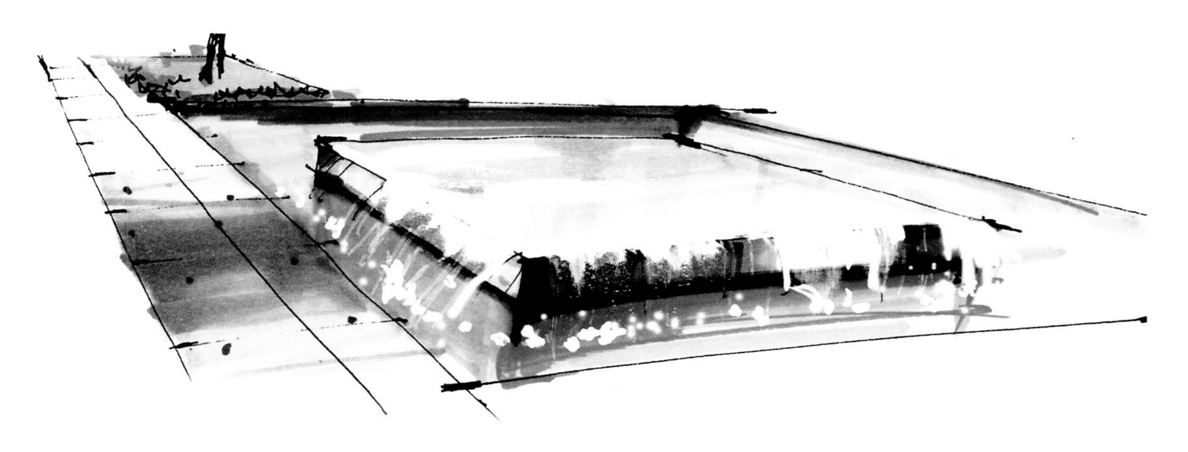

# 三、水体的平面图画法

水体的平面表现一般有线条法、等深线法和渲染法三种。前两种用于水体的墨线表现，渲染法用于水体的色彩表现。

## 1. 线条法

线条法是借用工具或徒手排列绘制平行线条来表现水面，可以将整个水面用线条铺满，也可局部留白，或者只局部画些线条。线条可采用波纹线、水纹线或直线。一般来说静水面多用水平直线或小波纹线表示，动水面用大波纹线等活泼动态的线型表现。

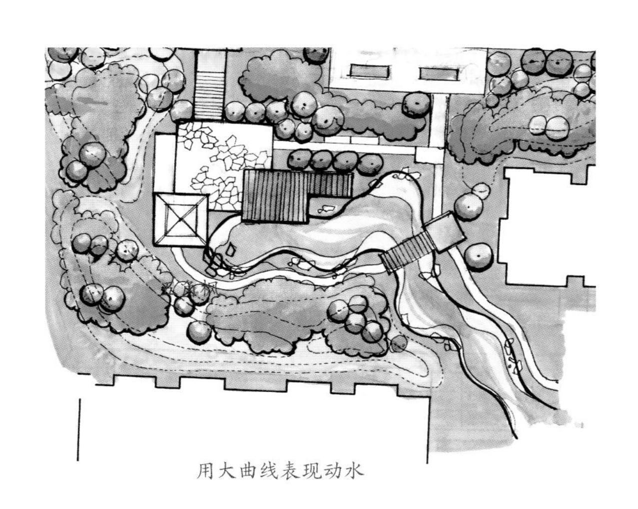

用大曲线表现动水

小水景（卵石铺装）

### 2. 等深线法

在靠近岸线的水面中，依岸线的曲折度作 3 根曲线（根据水面大小，也可画 2 根或 4 根），这种类似等高线的闭合曲线称为等深线。这种表现手法多用于自然式的水体。

用钢笔画等深线

用马克笔画等深线

### 3. 渲染法（退晕法）

渲染法是用马克笔湿画法画出颜色由深到浅的逐步过渡。可从水岸向水面中心方向做由深到浅的退晕变化。如果采用水彩渲染，在色彩上也要有冷暖变化。

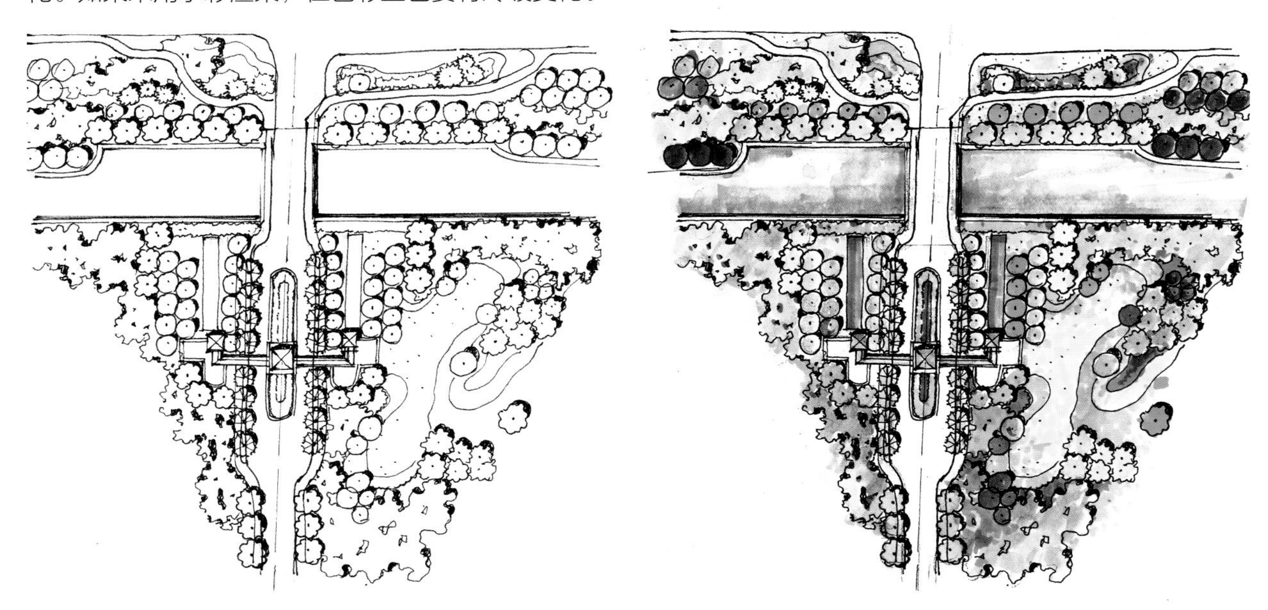

水岸颜色深，逐步向中心方向变浅

## 四、水体的立面图、剖面图表现

水体的立面、剖面表现可采用线条法、渲染法。水体立面的墨线表现一般采用线条法，而渲染法用于水体的色彩表现。

### 1. 线条法

线条法表现水体剖立面要注意线条的方向要与水体流动的方向保持一致，并要注意虚实变化，不要使外轮廓过于呆板生硬。线条可以是直线也可以是曲线。用线条法适合表现跌水、瀑布、喷泉等动态的水体，如果用线用得好可产生很生动的效果。

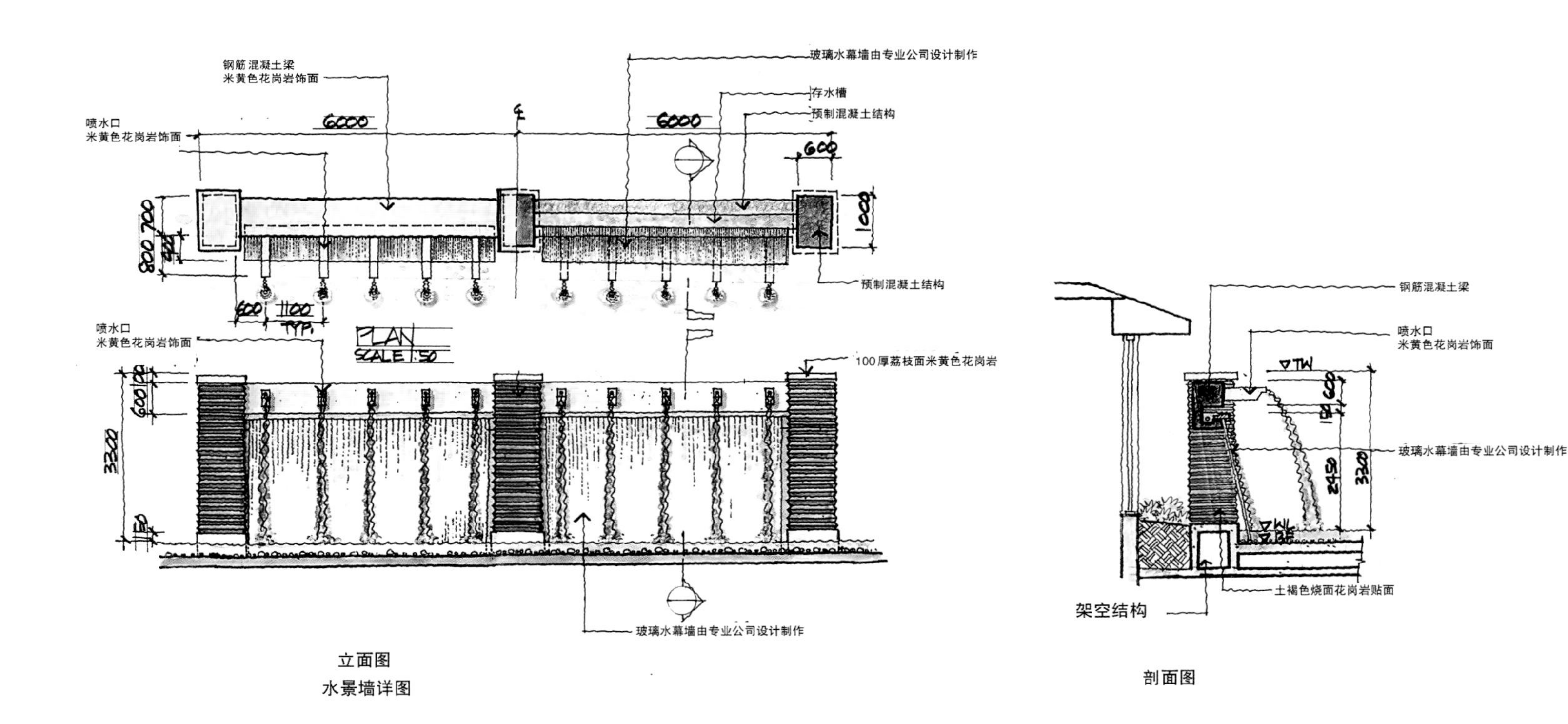


用线条法表现水景墙的流水

### 2. 渲染法（退晕法）

渲染法是对水体的立面、剖面部分进行着色的表现。渲染法不仅能表现出水的形态，还能表现出水的光影和色彩。

# 第三节 山石

山石是自然式景观的主景和地形骨架，可作为划分空间，点缀空间，陪衬建筑、植物的手段，山石也可作为驳岸、挡工墙、护坡和花台。

## 一、山石的线稿画法

有的石块块面像斧劈似的整齐，有的石块浑圆而难分块面。在表现石块这些特征时，要注意线条的排列方式和方向应与石块的纹理、明暗相一致。绘制的步骤如下。

①分析石块几何体特征。

②先用稍粗的针管笔画石块的外轮廓，接着用细一些的针管笔画结构关系。

③最后用线条表现出石块的纹理和明暗调子，画投影时线条的排列要近实远虚。

## 二、山石的马克笔上色

注意用笔的方向，先画亮面，再画灰面，最后刻画暗面和投影的部分，要注意整体与局部的关系。

①针管笔勾画出石块的纹理、投影及体积。

②用156号颜色画石块亮面，再用157、158号颜色画石块灰面，要强调出石块的结构关系，197、195号颜色画植物亮面。

③最后从明暗对比最强烈的明暗交界线开始用159号颜色着色，逐步向反光部推进，最后用107画投影，166、165、38号颜色画植物暗面。

山石的线条表现

## 三、山石的平面图、立面图表现

山石的平立面表现，可用线条勾画轮廓：外轮廓用粗线条，内部的石块纹理可用较细的线条稍加勾绘，以体现石块的体积感。不同的石块，其纹理也不同，有的浑圆，有的棱角分明，在表现时应采用不同的笔触和线条。

马克笔上色要重点表现质感。

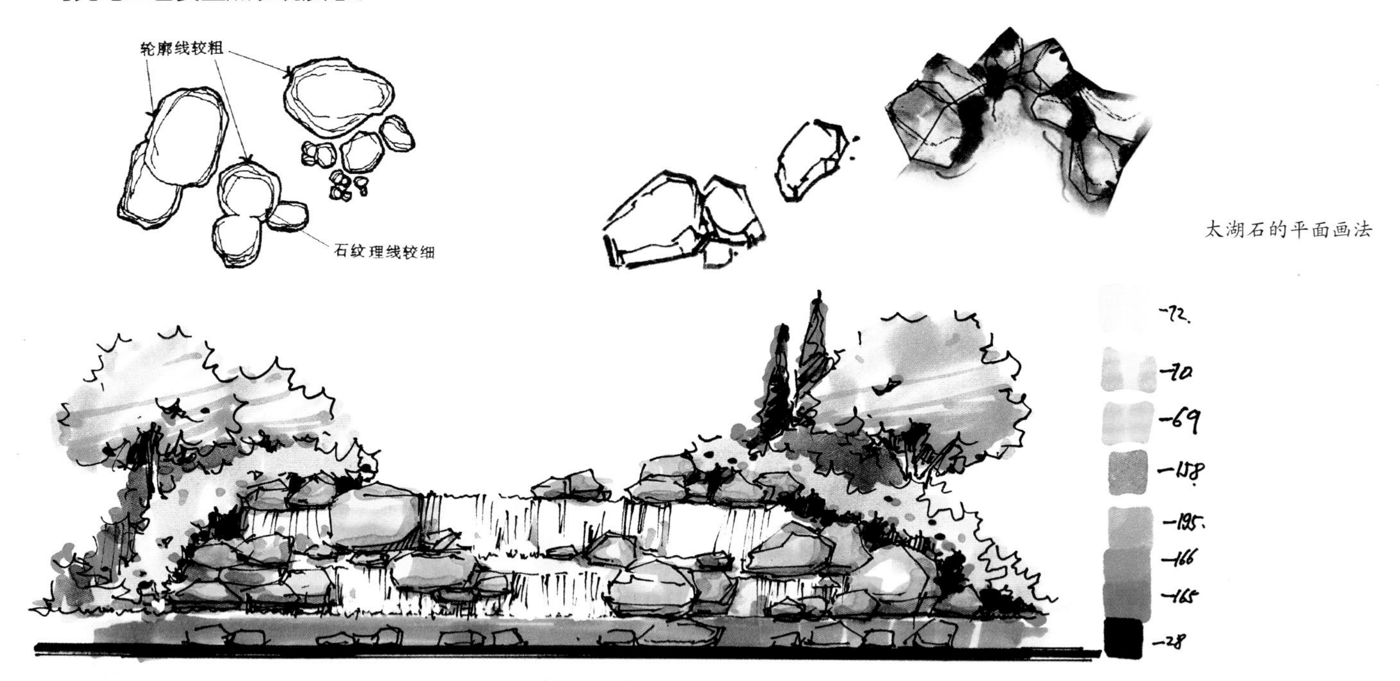


太湖石的平面画法

山石的立面画法

# 第四节 景观小品

## 一、景观小品的线稿画法

景观小品的线稿要求比例准确，结构严谨，画面效果要疏密得当，虚实有度。

步骤

① 根据构思草图用铅笔画出形态关系。

② 接下来，用针管笔勾画出石块和陶罐的结构。

③最后画出背景的植物结构，着重调整黑、白、灰关系。要以快速随性的表现方法勾勒石块与陶罐的组合关系。

## 二、景观小品的马克笔上色

步骤

① 首先准确地画出景观小品的结构，注意小品要画实，植物要画虚。

② 接下来用三福 192 号画植物亮面，三福 25 号画灰面，三福 70 号画小品的灰面，用三福 111 号画水盆，要强调明暗交界线的叠加。

③ 最后用三福 25、165、185 号画近处植物，用三福 140、141、185 号画远处植物，用三福 70、95 号画小品的结构关系，三福 48、143 号画水面，并用白色涂改液画水流和水花。用 160、211 号颜色画地面的大理石。

表现实例

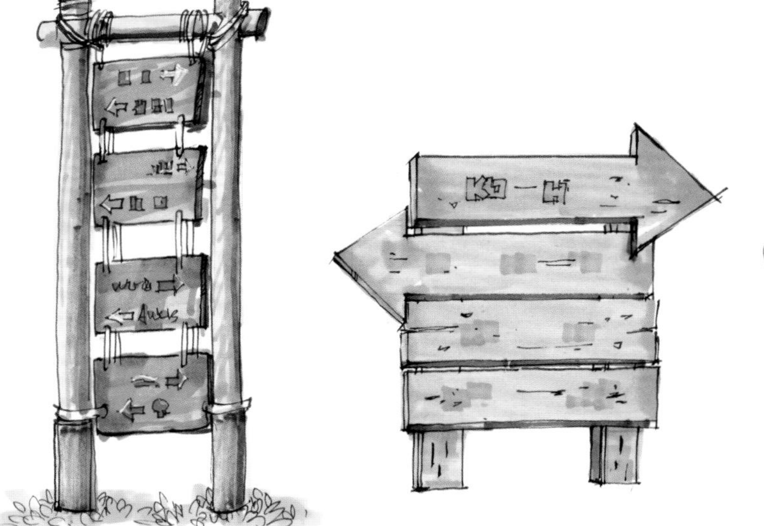

## 三、建筑小品的马克笔上色

建筑小品的马克笔表现要注重不同材质的色彩特点，如木材以黄褐色为主，石材以灰色为主。

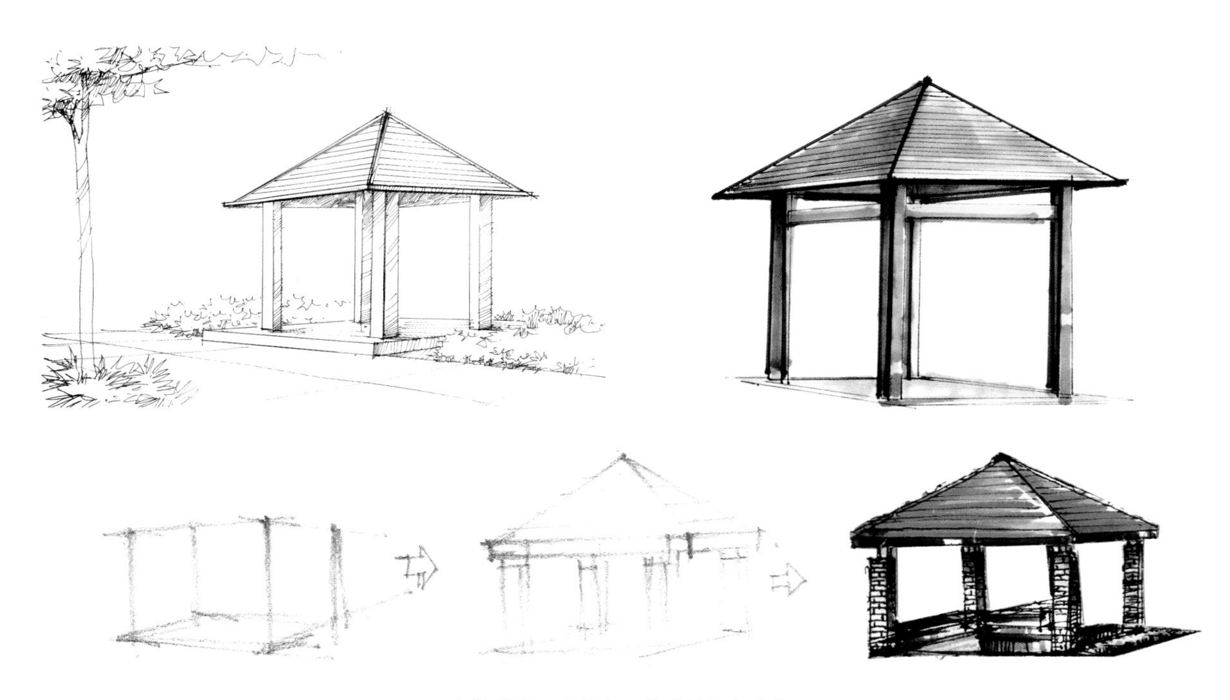

分析景亭正方体与三角形的组合关系

步骤

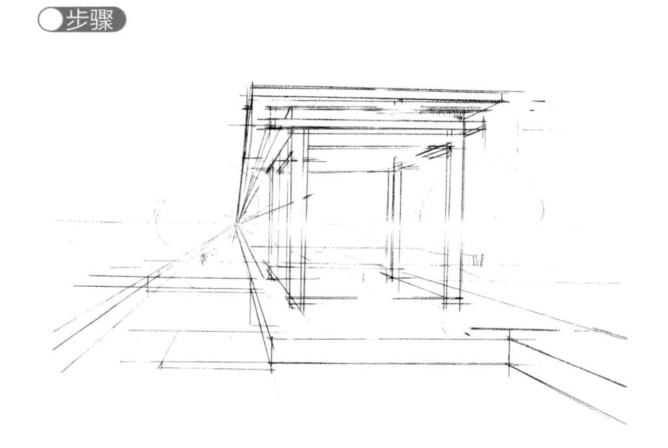

① 一点透视关系，用铅笔画出景亭的外轮廓线。视平线的高低会使亭子呈现不同的效果，决定画面的构图效果。

② 用中性笔描边，进行细部处理，这里要灵活使用横线、竖线、斜线的不同排线手法，表现出材质的特点。最后添加树木花草等景观植被，使画面显得更加饱满。景观植被可以简化，突出景亭的主体地位。

③ 接着用马克笔上色。为了塑造出画面的素描关系，每种色相至少准备刻画亮部、灰部、暗部的三种颜色。冷灰、暖灰要齐全，棕色要多配。上色的顺序先用浅棕色和浅绿色铺大面积底色。

④ 再用深一点的棕色加深亭子暗面色彩，增加立体感，可以借助直尺上色，更好地使马克笔的用笔方向和材质的纹理保持一致。同样地完成植物和水面的表现，马克笔给植物上色要注重形和光感的表线。

⑤ 最后使用灰色马克笔、勾线笔和直尺在地面上绘制倒影线和边界线，使用更深色的马克笔丰富画面中暗面的颜色。

## 四、景观小品的平面图表现

### 1. 总体规划平面图

总体规划平面图即总平面图展现水平面上设计元素与环境的关系。一般来说，研究生入学考试的快题设计场景尺度都较小，总平面图需要表现设计细节，特别是不同植物的图例区分。平面图的上色选用实物的固有色或相近色，并以相近色表示同类信息，以纯度和冷暖对比色区分不同类信息。占大面积的色块应保持近似的纯度和冷暖色调，作为图面的基底；小面积的重要信息用较高纯度的鲜亮颜色表示，但要控制颜色数量。

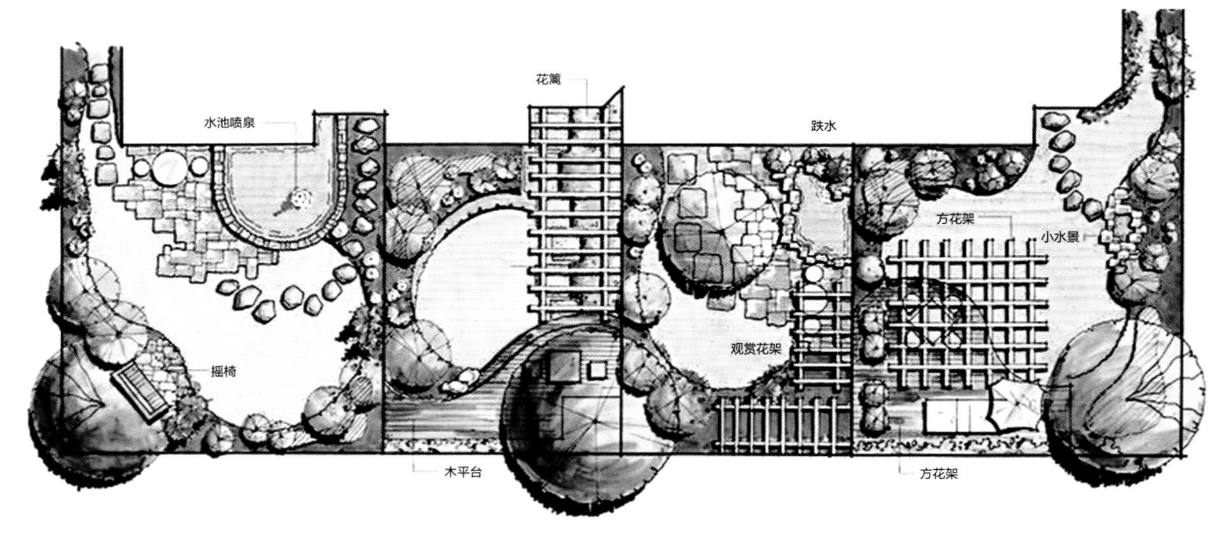


### 2. 详图

详图是用假设的水平面将构筑物剖切开，下半部分的水平投影所得的视图，它能反映出构筑物的内部平面，一般适用于大比例的平面图的重要节点。平面图中的剖断线可用粗实线表现，也可以将剖断线内部涂实。

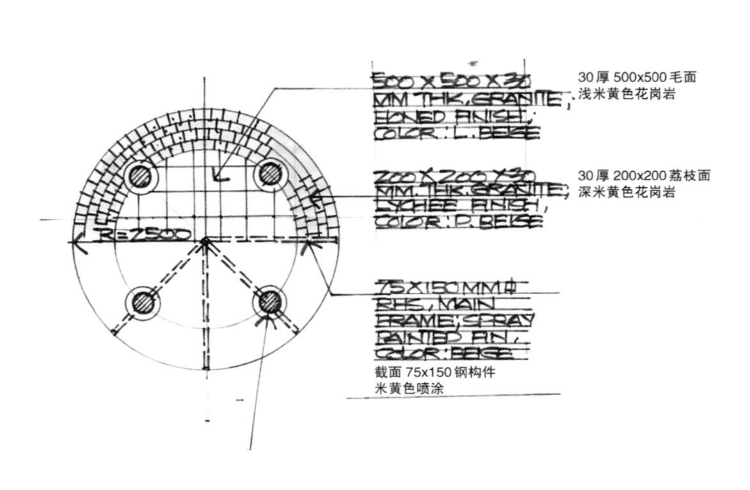


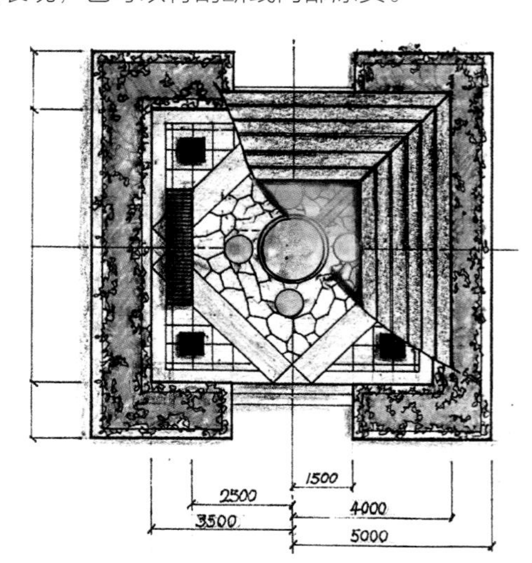

## 五、景观小品的立面图、剖面图表现

构筑物剖面图中被剖切到的剖面线用粗实线表现，没剖到的主要可见轮廓线用中实线，其余用细实线。

色彩的表现要确定色彩的主色调，还要注意主体建筑和周围配景的远近虚实关系和色彩的明暗、冷暖关系。

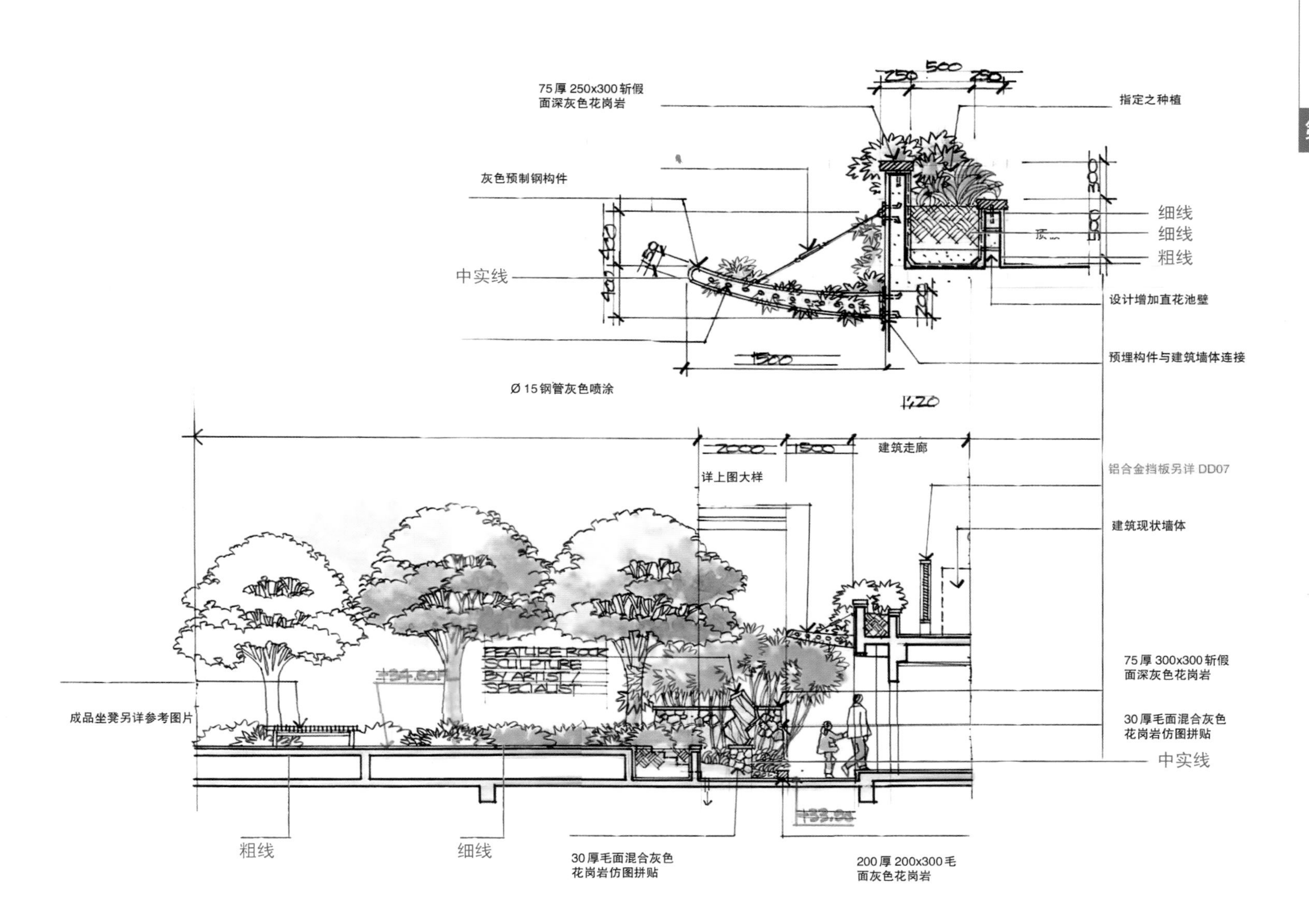

材料的表现要生动地表现出质感、纹理、色彩、光影和冷暖变化，建筑材料有多种，如石材、砖、木、玻璃、金属等，表现时要使用不同的表现技法。

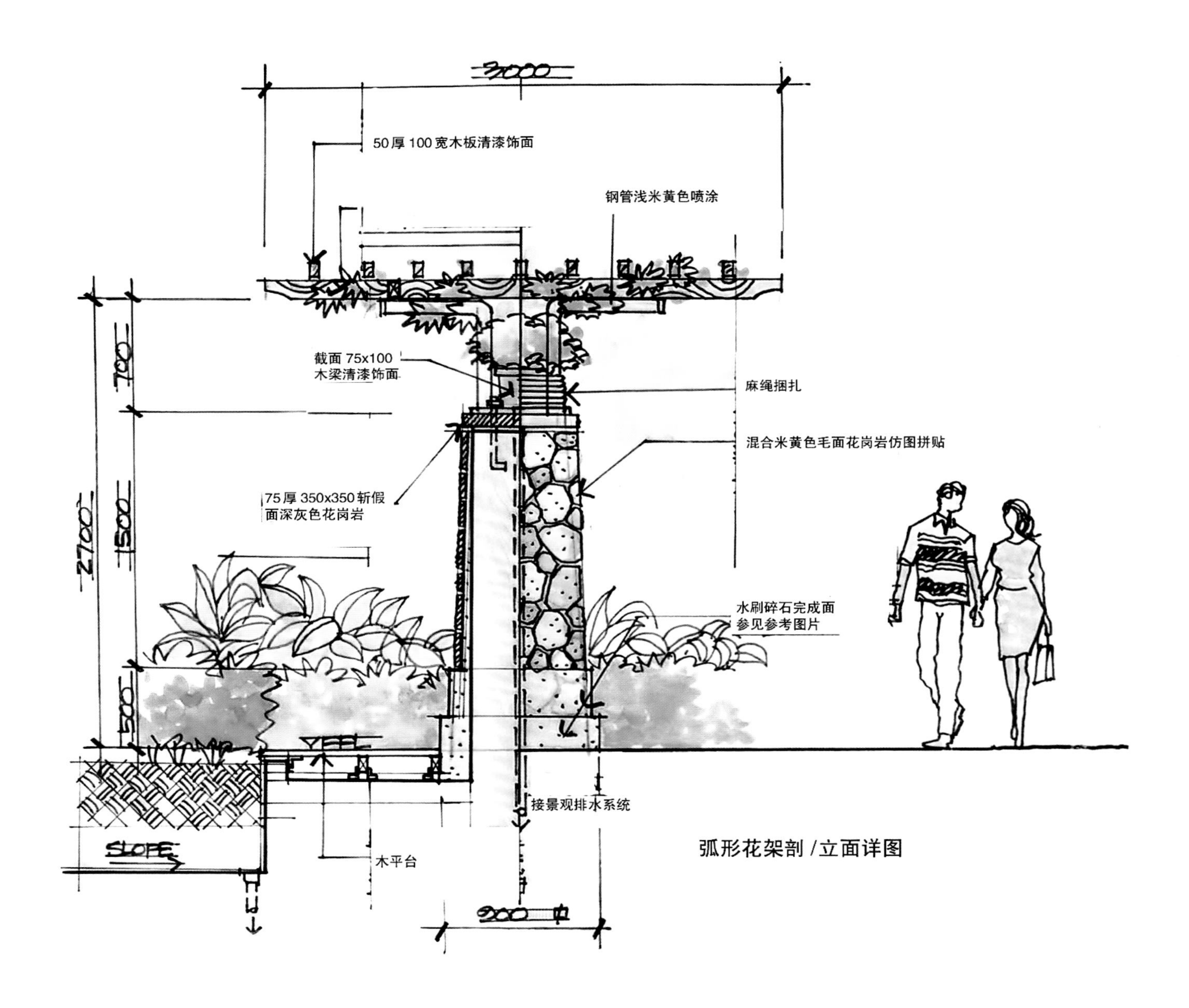


弧形花架剖/立面详图

## 六、绿廊与花架的表现

绿廊与花架的作用是让游人歇足休息、欣赏风景，为攀缘植物创造生长条件。其设置地点并无一定限制，凡水边、草地上、轴线端点，平台上或门窗前均可。

### 1. 设计要点

①花纹宜简单，高度不宜太高。

②从顶部到地面一般 2.5 ~ 2.8m，宽度 2 ~ 5m，柱间距 2.5 ~ 3.5m。

### 2. 画法

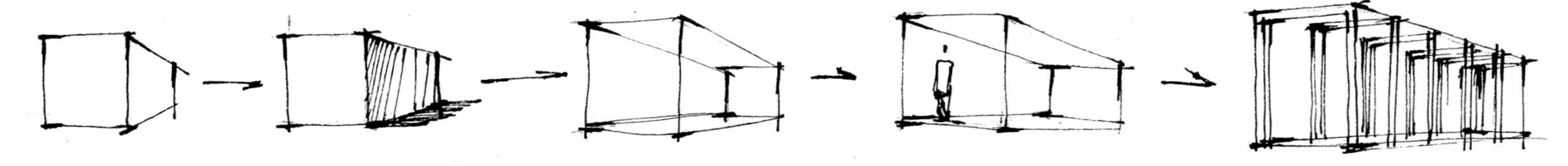

花架的形体结构关系

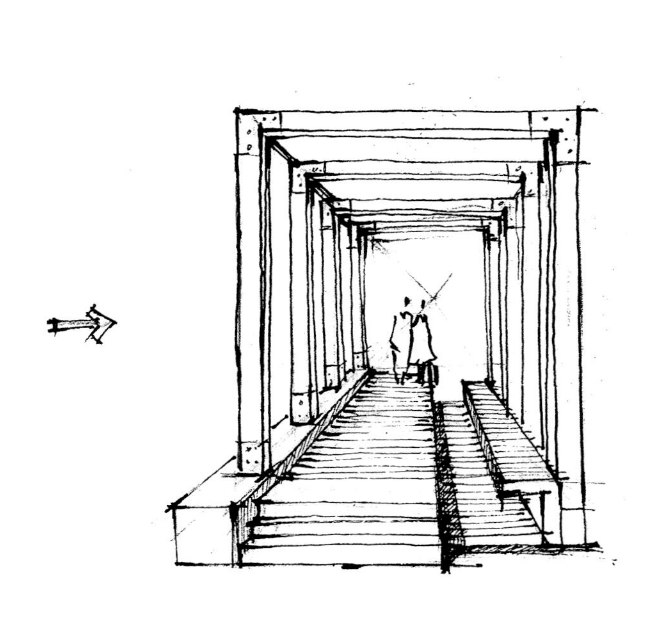

利用一点透视画出花架的进深感

用 18、154 号颜色画出木材的质感

## 步骤

① 勾画花架的线条要简明生动，比例要协调，透视关系要严谨。

② 接着用 18 号颜色画出花架柱子的受光面，用 14 号颜色画主梁部分，用 156 号颜色画地面受光面。

③ 再用 70 号颜色画出花架柱的暗面，160 号颜色画地面的投影，用 25、166 号颜色分别画灌木和乔木的受光部分，用笔上要松紧得当，收放自如。

④ 最后植物表现用 36、197、166、165、38 号颜色画出光影关系，用 103、104、105、107 号颜色画地面，要表现出空间感和层次关系，最后用 149 号颜色画花架主梁的暗面，211 号颜色调整地面的投影和花池深色部分。

## 七、园桥的表现

### 1. 设计要点

园桥具有联系交通，分隔水面，丰富景观层次的功能，而且还可以自成一景，位置选择时需满足交通功能和景观功能。

（1）设计形式

按建筑形式分为平桥、拱桥、曲桥、汀步、亭桥、廊桥等。

（2）设计要点

园林意境决定桥的形状与大小。 高岸设低桥，低岸架高桥，能增加游览路线的起伏。另外，园桥要结合植物成景。

### 2. 画法

①线条要流畅，比例要准确。

②马克笔上色要表现出园桥的质感，突出园桥在景观中的作用。

平桥步骤

① 利用两点透视画出园桥的整体轮廓。

② 进一步勾画园桥的结构关系。

③利用竖线笔触画出园桥的光感。

## 拱桥步骤

① 准确勾画出园桥的比例关系，流畅地画出桥的体积和明暗关系。

② 用 48、198、143 号颜色湿画法画出水面的空间感。用 78 号颜色画桥面的受光部分，用 110、114 号颜色分别画出路面的受光和暗面部分，用 197、36 号颜色分别画草坪和乔木的受光面。

③ 接着用 70、69 号颜色叠画桥面近处部分，用 200 号颜色画桥面和栏杆的暗面，表现时要体现出木材的质感。

④ 最后用 197、195、166、165、38 号颜色画远处的植物，用 197、36 号颜色画草坪，用 101、103、104 号颜色画路面。

## 八、坐椅的表现

### 1. 设计要点

坐椅的材料广泛，可用木料、石料、金属材料等，常结合桌、树、水池设计成组合体，构成休息空间，坐椅高 40 ~ 50cm，深度 30 ~ 45cm，靠背与坐板夹角 98° ~ 105° 为宜。

### 2. 画法

①坐椅的线条表观要主次分明、流畅自然，要画出节奏感和韵律感。

②马克笔上色要画出质感和光感，要利用笔触画出坐椅材料的特征。

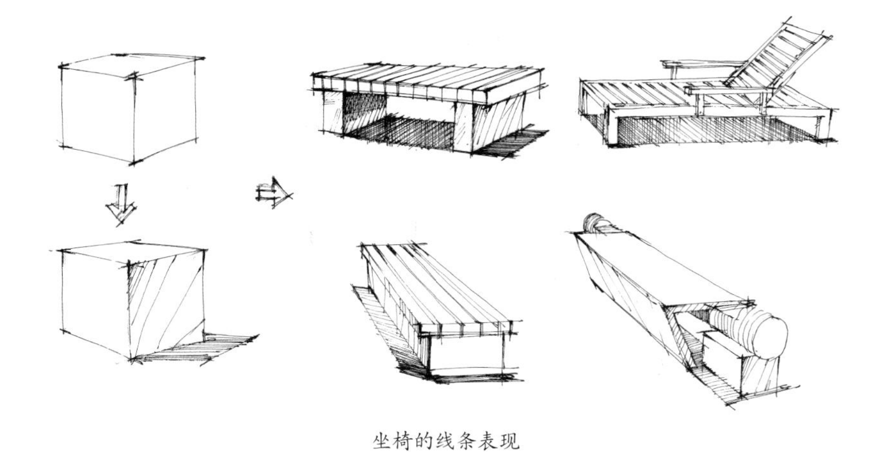

坐椅的线条表现

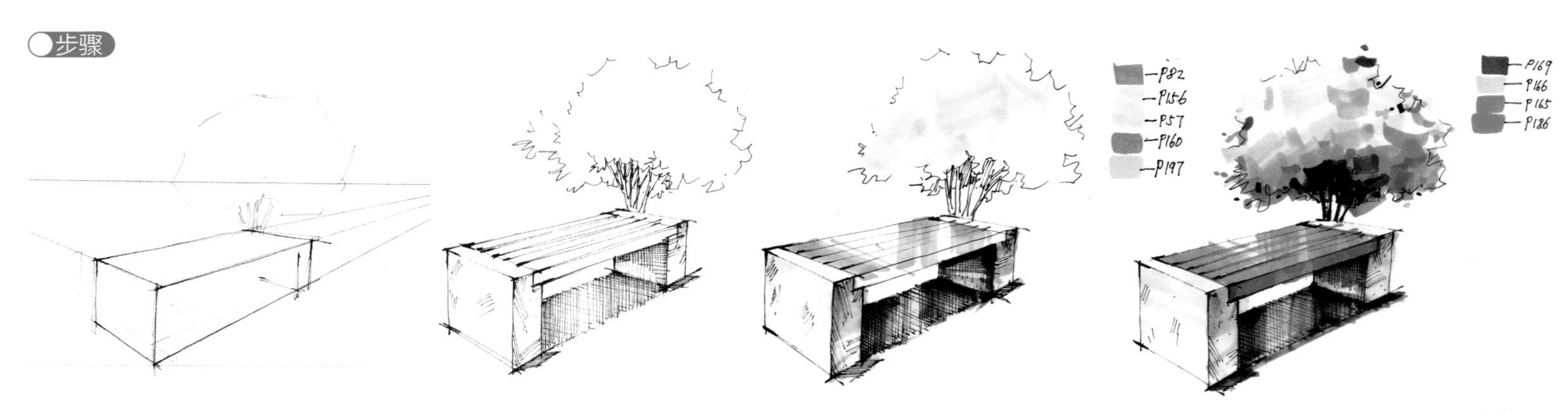


①画出坐椅几何体的透视关系。

②画出坐椅的明暗关系及材质的特点。

③接着用号 82 号颜色画出坐椅木材质感的受光面，用 156、157、160 号颜色画出坐椅石材的质感，用197 号颜色画出树木的受光面。

④最后用 169 号颜色画出坐椅木材质感的暗面，用 166、165、186 号颜色叠画出树木的灰面和暗面。

# 第五节 园路

## 一、园路的功能和类型

### 1. 园路的功能

①组织交通的功能，与城市道路相连，集散疏通园区内人流车流。

②导游线的功能，引导人们到达各个景点、景区，从而形成游赏路线。

③组织空间的功能，组织景观空间序列展开，又起到分景的作用。

### 2. 园路的类型

①园路：从园区入口通向各主要景区中心，是大量游客和车辆通行的道路。为满足消防安全的需要宽度在 4 ~ 6m。

②次园路：主园路的辅助道路，分布于各景区内，通向各个主要建筑及景点，宽度 3 ~ 4m。

③步道：供游人散步、休息，引导游人深入园区，多自由布置，形式多样，宽度 1.2 ~ 2m，也可以小于 1m。

## 二、园路的表现

园路在景观中很重要，要理解园路的级别与各功能分区的关系。表现时要与周围环境形成明暗对比。注意植物或构筑物的投影表现。马克笔上色时要注意用笔的方向与透视方向一致。

① 根据人的高度确定视平线，用线条勾画出园路的宽度，在用155、156、157、159 号颜色叠画出路面，要画出园路两端亮中间暗的特点。

② 营造园路两旁的气氛：用192、25、187 号颜色画近处的植物，远处植物用 140 号颜色画出。植物要与路面形成明暗对比。

③ 塑造园路空间：用 192、166、165 号颜色画出中景乔木，用 36、142、104 号颜色画出远景乔木。



## 三、园路的平面图表现

### 1. 弯道与叉口

园路弯道有组织景观的作用，两条主干道相交时，交叉口应做扩大处理，以正交方式，形成小广场。小广场有几何式、自然式、规则对称式等。

小道路适合斜交，但不应交叉过多，两个交叉口不宜太近，要主次分明，相交角度不宜太小。

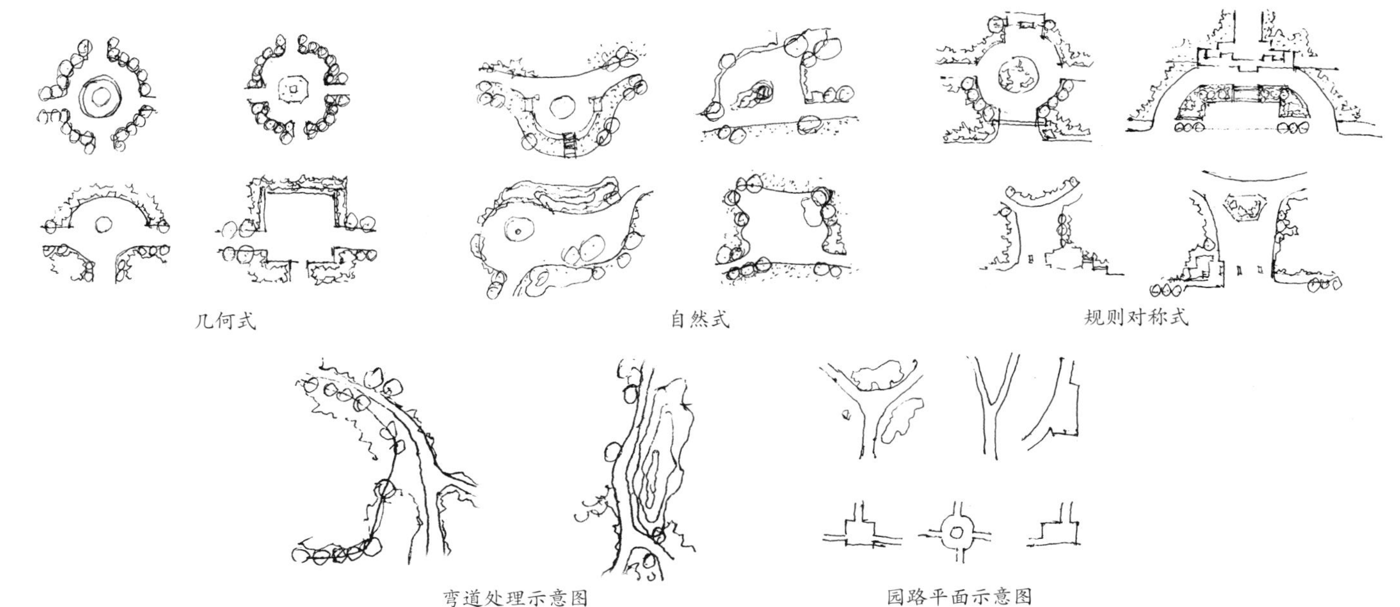

几何式　　自然式　　规则对称式

弯道处理示意图　　园路平面示意图

### 2. 路面留白

根据路宽按照一定比例，用流畅的线画出园路的线形，路面做留白处理。

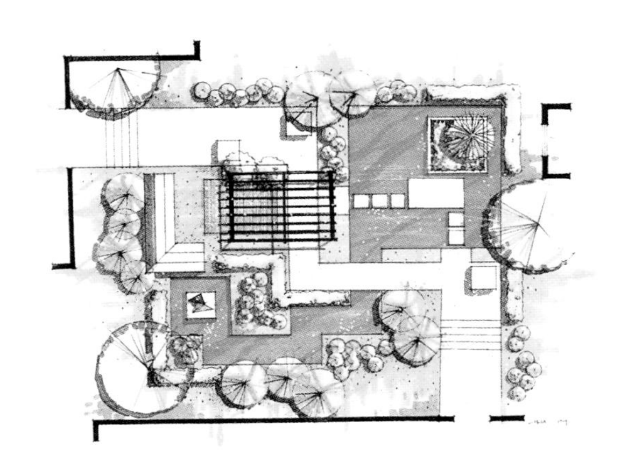

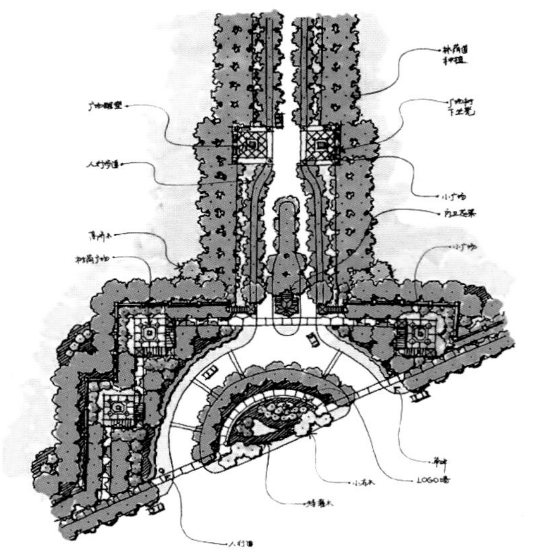

### 3. 路面纹样

在园路局部用示意性画法表示出园路的铺装材料，例如卵石路面、冰纹路面、嵌草路面、木质路面等，在局部画出铺装材料，能更生动地表现出园路的质感。

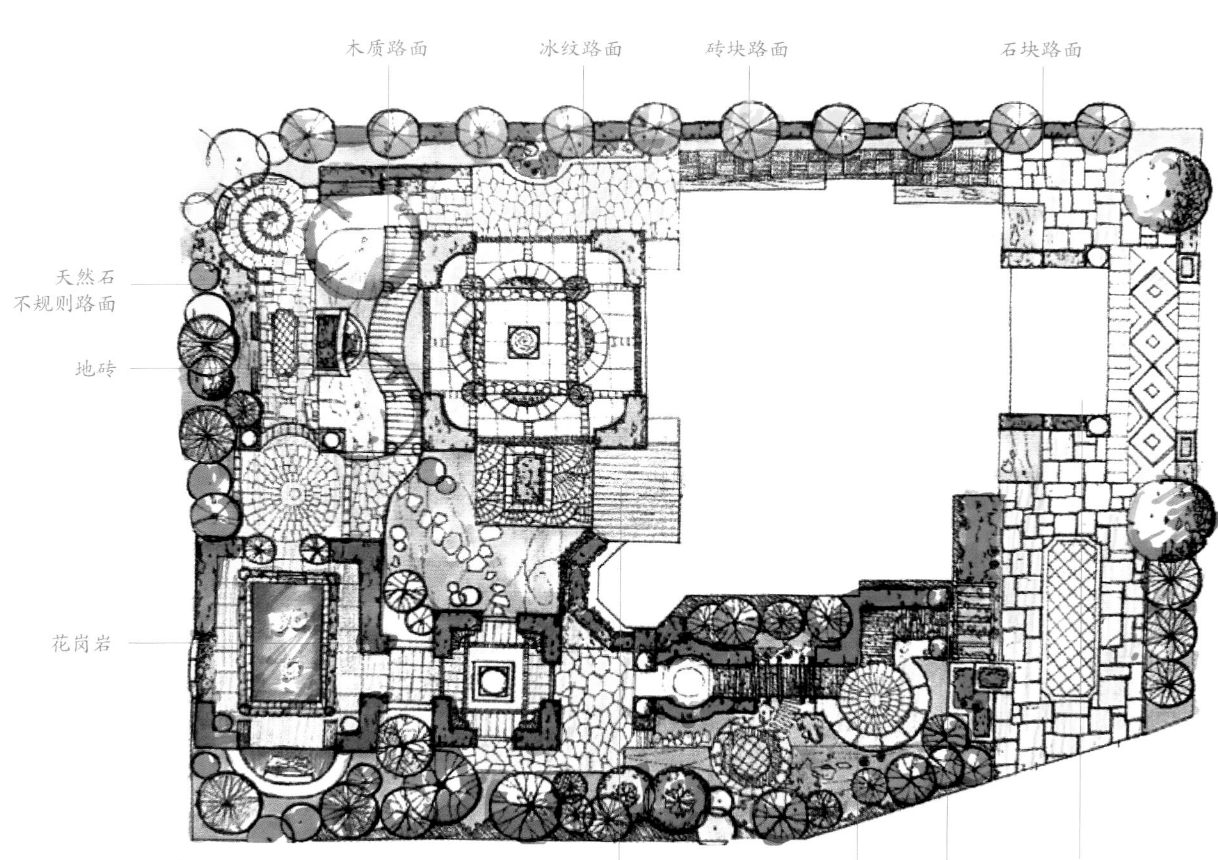

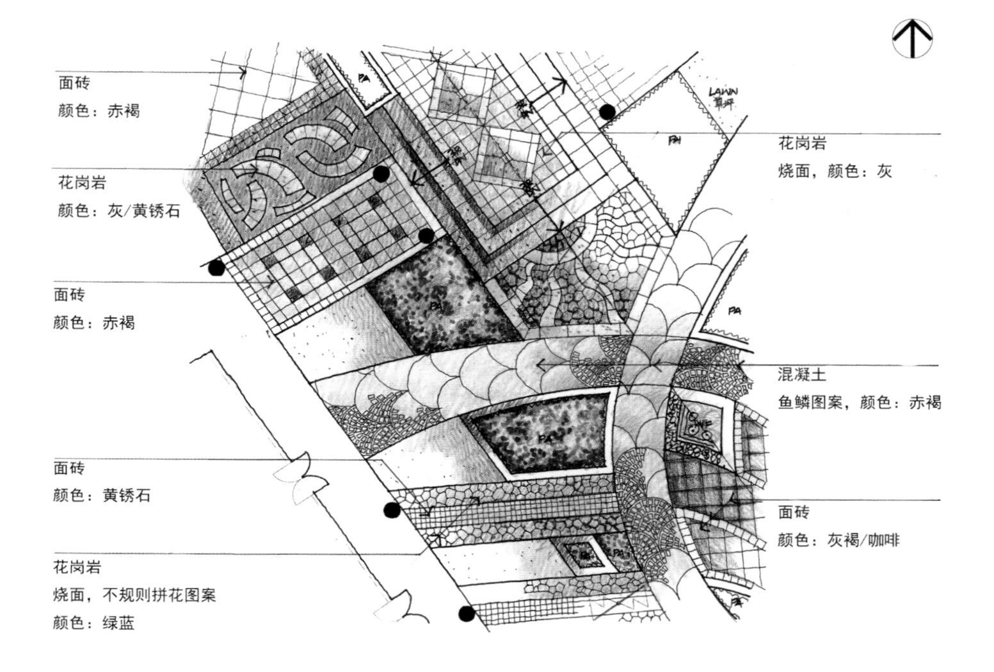
面砖
颜色：赤褐
花岗岩
颜色：灰/黄锈石
面砖
颜色：赤褐
面砖
颜色：黄锈石
花岗岩
烧面，不规则拼花图案
颜色：绿蓝
花岗岩
烧面，颜色：灰
混凝土
鱼鳞图案，颜色：赤褐
面砖
颜色：灰褐/咖啡

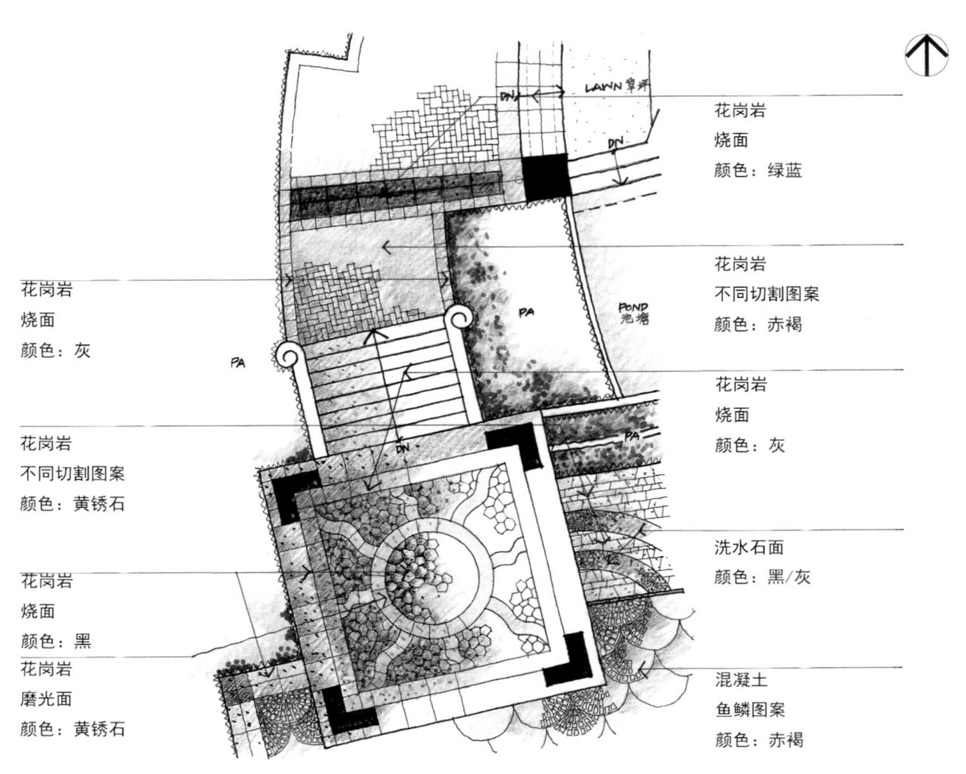
LAWN 草坪
花岗岩
烧面
颜色：绿蓝
花岗岩
不同切割图案
颜色：赤褐
POND 池塘
花岗岩
烧面
颜色：灰
洗水石面
颜色：黑/灰
混凝土
鱼鳞图案
颜色：赤褐
花岗岩
烧面
颜色：灰
花岗岩
不同切割图案
颜色：黄锈石
花岗岩
烧面
颜色：黑
花岗岩
磨光面
颜色：黄锈石

# 第六节 人物

景观表现中人物的作用有以下几点。

① 以人物的大小比例推敲景观环境大小。

② 人物有表达景观性质与功能的作用，点缀人物也能使画面更有情趣。通过人物活动情景的描绘可以帮助表达设计者想要创造的场景，是清幽庭院、商业街，还是休闲娱乐公共空间。

景观快题表现中的人物画出大致动态即可。

不同场景中人物设置的要点有以下几条。

① 清幽庭院的点景人物不宜多，一般两三个人就够了，人物姿态以静态为主，观景或散步的人物宜布置在近景或远景。

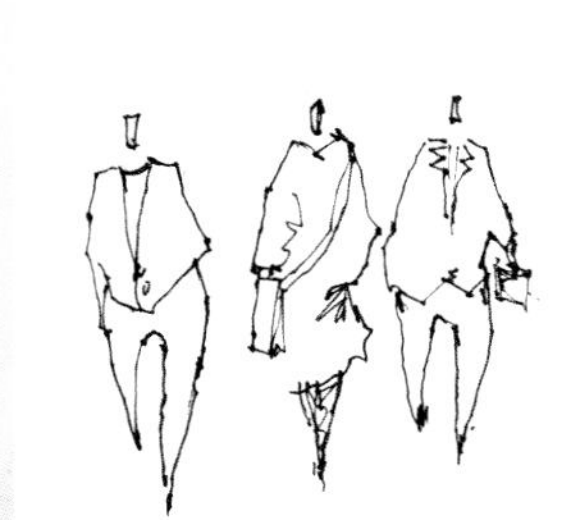

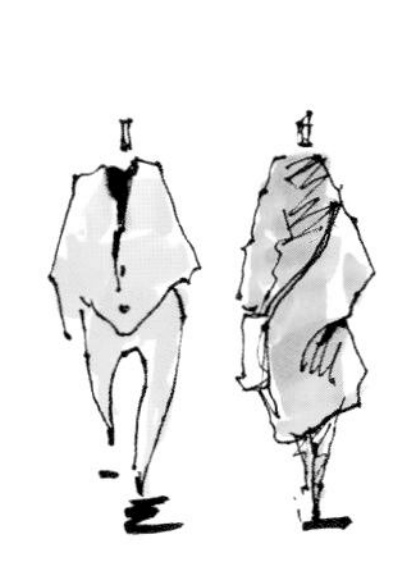

② 商业街要表现繁华景象，人应多些，人物组合应做到合理、生动、有静有动、有聚有散。

③ 休闲、娱乐公共空间要表现愉快、闹中有静的氛围，人物不宜太多，以家庭、儿童的娱乐、游戏为情景，人物以中景为主。

# 第七节 地形的等高线

等高线法是用一系列假想的等距离的水平面切割地形后获得的截面的水平正投影表示地形的方法。在等高线上要标注出高程。一般情况下，根据标高确定等高距，再绘制等高线，等高线先用点来确定相应的位置，再用平滑的曲线连接各点。

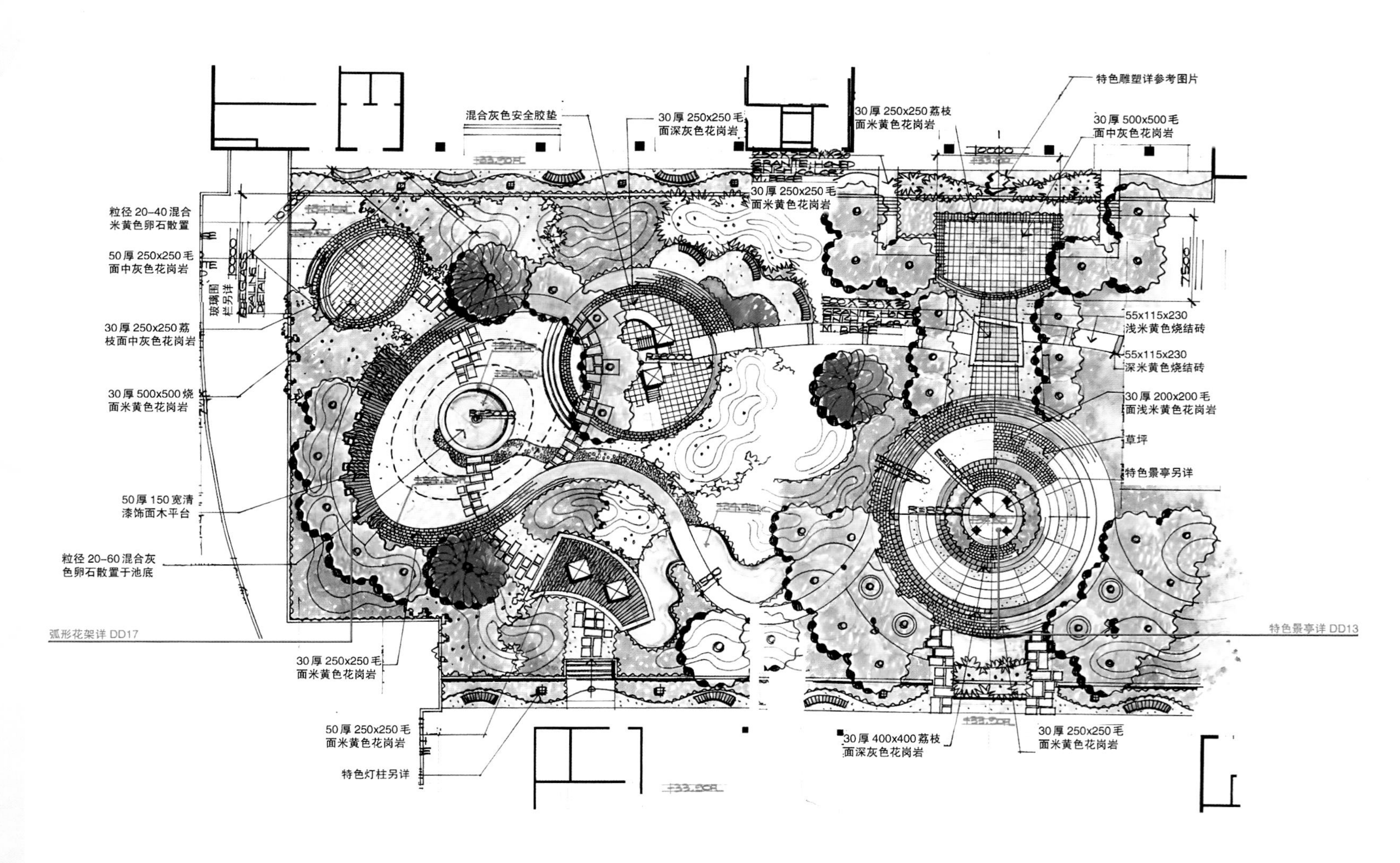

第三章 

# 透视图画法

# 第一节 一点透视图

## 一、一点透视网格快速画法

已知空间长 5m，宽 6m，用一点透视法绘图步骤如下。

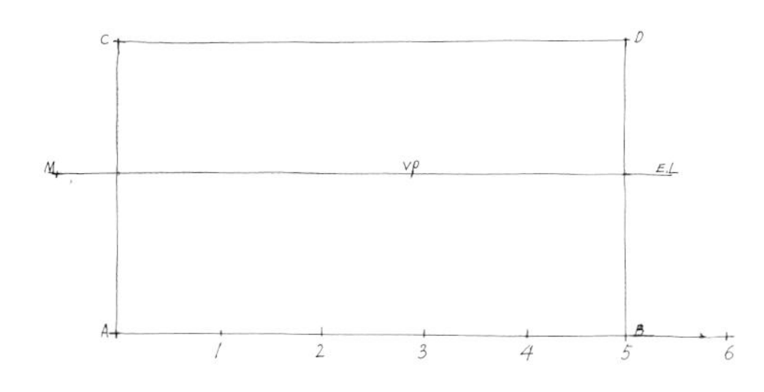


① 首先按实际比例确定宽和高，绘成四边形 ABCD。AB=5m，AC=3m（高），视高（E.L）=1.65m。确定点 M、点 VP（点 M 和点 VP 任意定，VP 为灭点）。

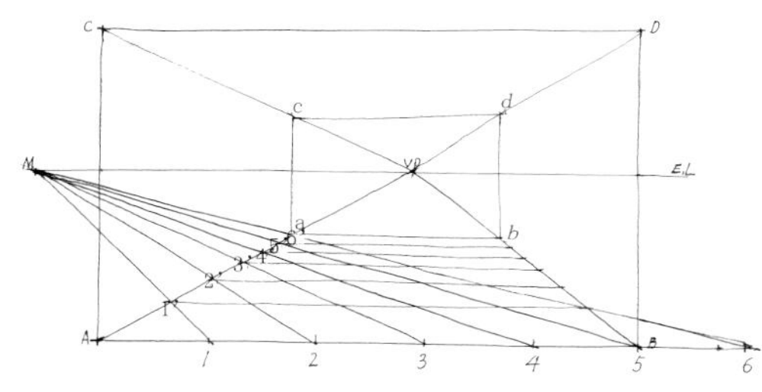


②从点 M 分别向点 1、2、3、4、5、6 画线，与 Aa 相交的各点 1'、2'、3'、4'、5'、6'，这样就得到了进深。以 1'、2'、3'、4'、5'、6' 为起点平行于 AB 画线，完成地面的进深分割线。

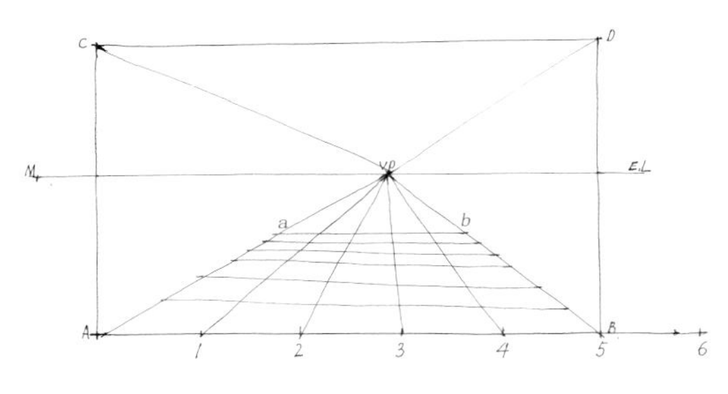


③ 然后从 1、2、3、4、5、6 各点向点 VP 引线，删除辅助点、线，完成图稿。

## 二、道路景观一点透视图绘制步骤

已知空间宽 22m、进深 26m, 利用平行透视法绘图步骤如下。

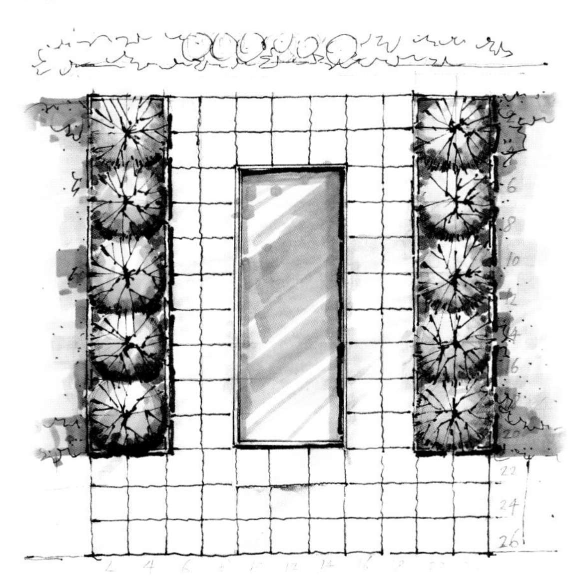

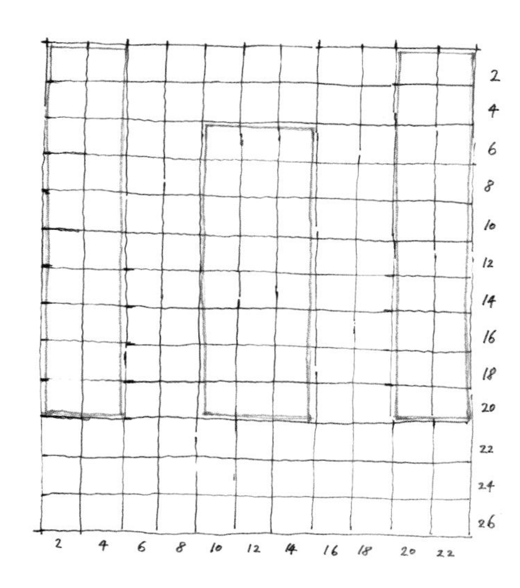


① 先用铅笔在平面图上画出以 2m 为单位的网格，以确定景观的结构与树池的坐标。

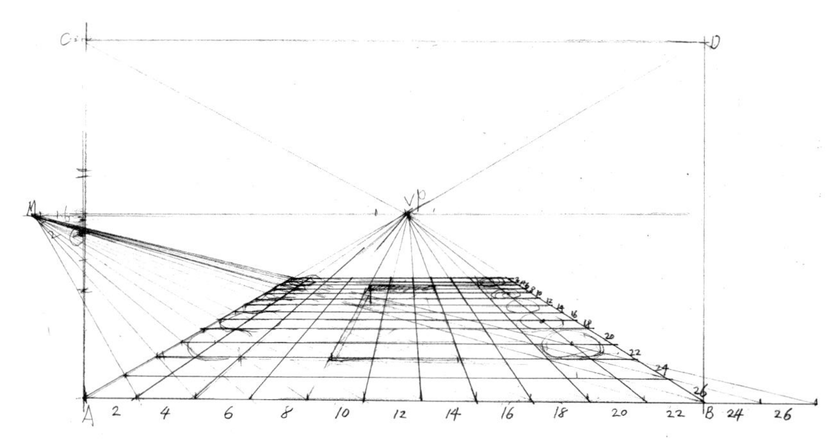


② 按前面所学的平行透视网格法求出宽 22m，进深 26m 的地平面，依据平面图上树池的长、宽坐标点在地平面上确定好树池的位置。

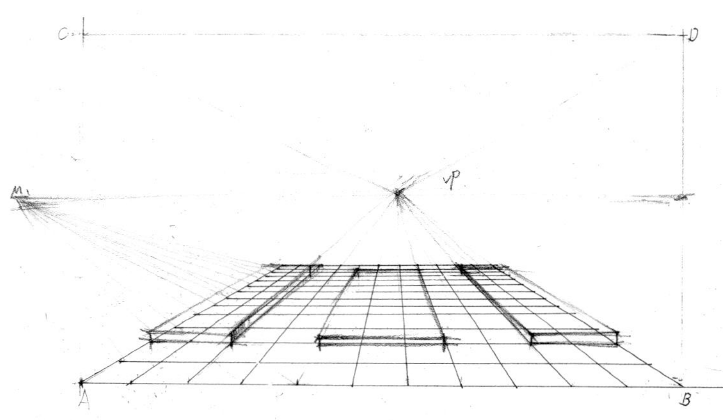


③ 由树池外形的点向上引出高度的垂直线，画出树池的高度。用此方法再将水池画成长方体状。

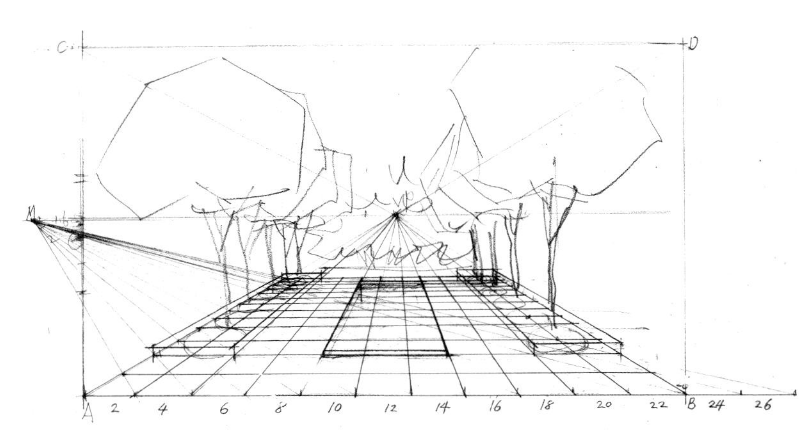


④ 画树池的体块关系和植物的大体轮廓，这时植物的铅笔稿不用画得太详细，用体块来体现即可。

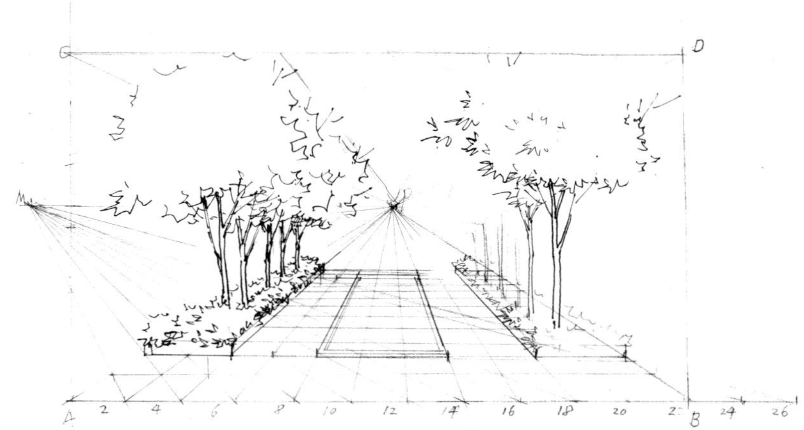


⑤ 勾画整体轮廓，加强植物、树池、水池的刻画，拉开画面中的层次感。通过不同的线条来表现不同的材质感。

⑥ 植物的刻画要注意远中近的区别，近处的植物线条细致，远处的则刻画得较笼统。通过线条的疏密表现空间。

⑦ 处理光影，植物在地面上的投影，用短小的排线进行表现，增强物件间的联系，使之成为整体，同时也丰富了地面的材质表现。

⑧ 上色前要确定画面的色调，用 192 号颜色画出近景乔木和灌木的受光部分，用笔均匀。水面用 48 号颜色平涂。

⑨ 树木的受光与背光衔接部分用 25、167、187 绿色系马克笔叠加表现，再用 166 号画背光的暗面。186 在水面上叠加颜色，笔触以简洁概括为宜，不用过多考虑细节。

⑩ 近景用 28、165、28 号颜色叠画树木的暗面，强调暗部交界线，使画面对比更加明确。远景用 36、141、140 号颜色着色。

⑪ 地面和树池上色用 156、157、158、160、98，根据其基本色，画出明暗关系即可。

⑫最后对画面整体调整。调整画面的明暗对比，并用 198、143 号颜色画天空的色彩，31 号颜色调整植物、构筑物及环境的色彩关系，加强近、中、远空间的层次。

街边绿地一点透视

中庭一点透视

# 第二节 成角透视

## 一、成角透视网格快速画法

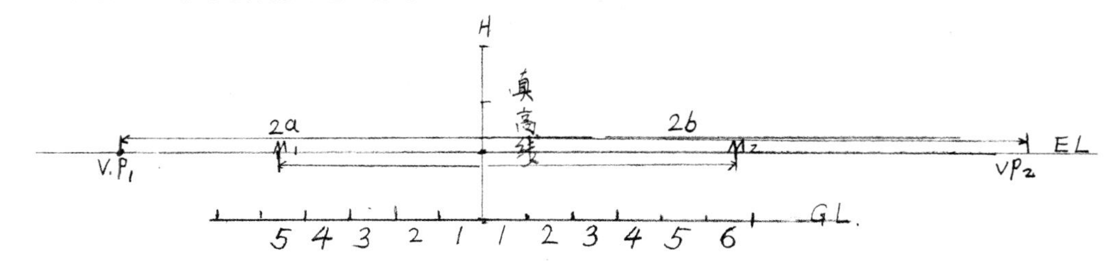


① 首先，按画面大小确定景观的高度 $H$，为 3m，再将 $H$ 线分为三等份，$H$ 线也叫真高线。定视高（$E.L$）为 1.6m，再画 $GL$ 为刻度线，右侧设置 6 格（对应长 6m），左侧设置 5 格（对应宽 5m）。在视平线上定两个测点 $M_1$ 和 $M_2$（位置分别比长宽略向内收一点即可）。然后再在视平线上定出两个灭点 $VP_1$ 和 $VP_2$，两者离真高线的距离要大于真高线高的两倍以上。

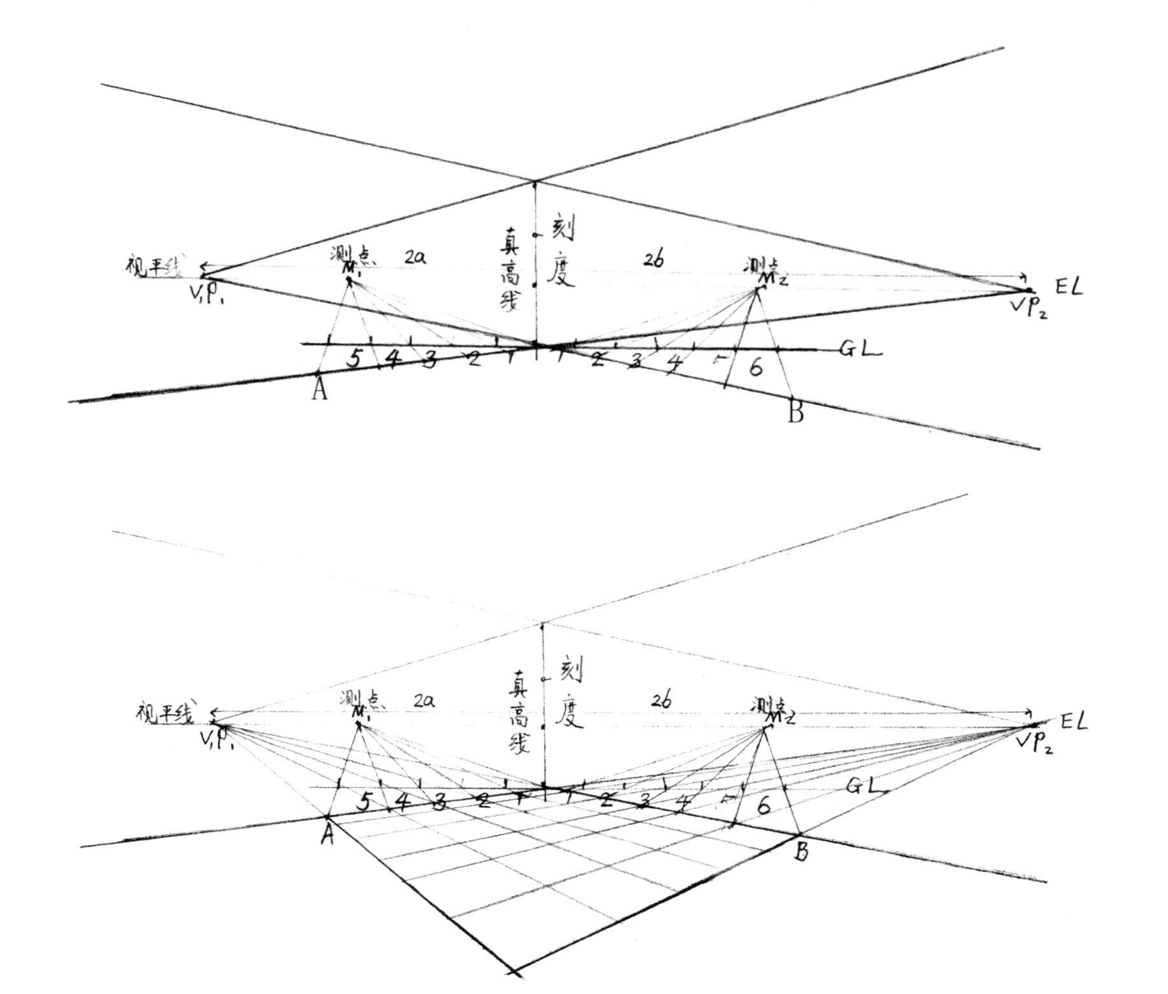


② 分别由两个灭点经 $H$ 线下端绘出地面线，再由两个测点各自经 $GL$ 刻度线来分割地面线，得出 $GL$ 刻度线上各个刻度点的透视点（$A$、$B$ 等点）。

③ 连接灭点与各透视点，延长形成地面网格。

## 二、公园一角成角透视图绘制步骤

已知空间宽 10m，进深 12m，高 3m。采用成角透视绘图的步骤如下。

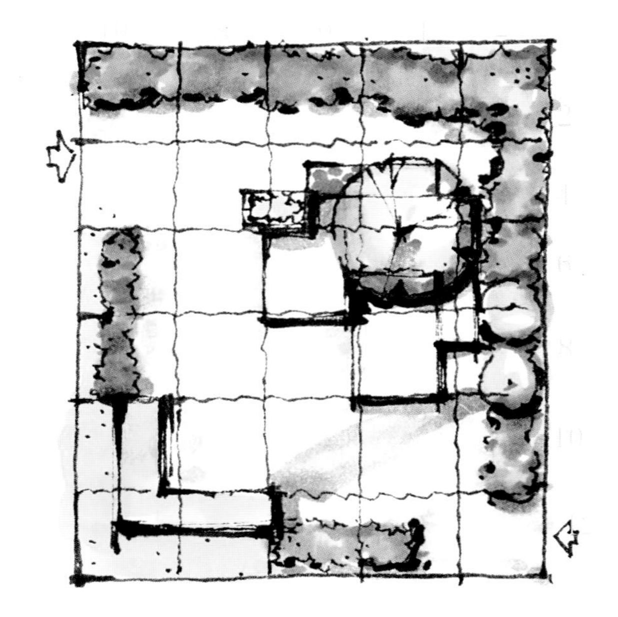

① 先用铅笔在平面图上，轻轻画出以2m为单位的网格，以确定景观的结构与树池的坐标。

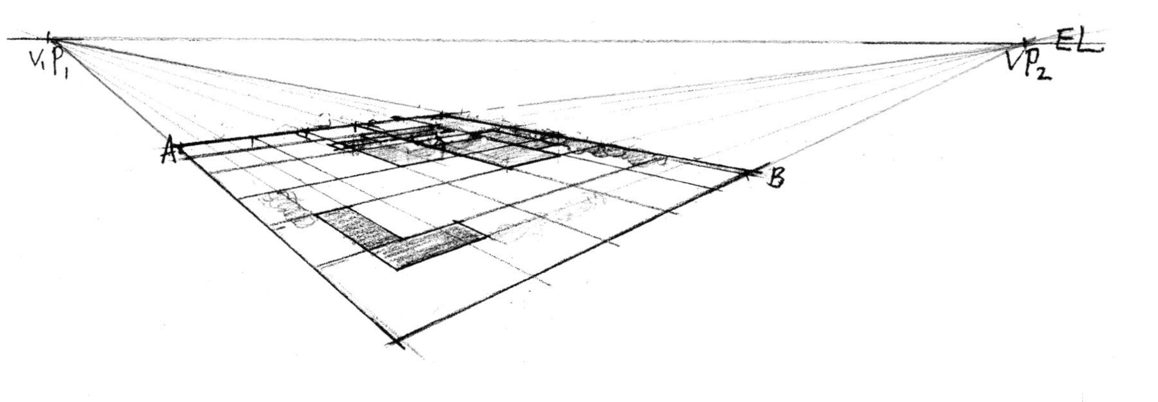


② 根据前面所讲的成角透视网格的快速画法，画出地面的透视网格，然后确定好树池在透视网格中的位置。

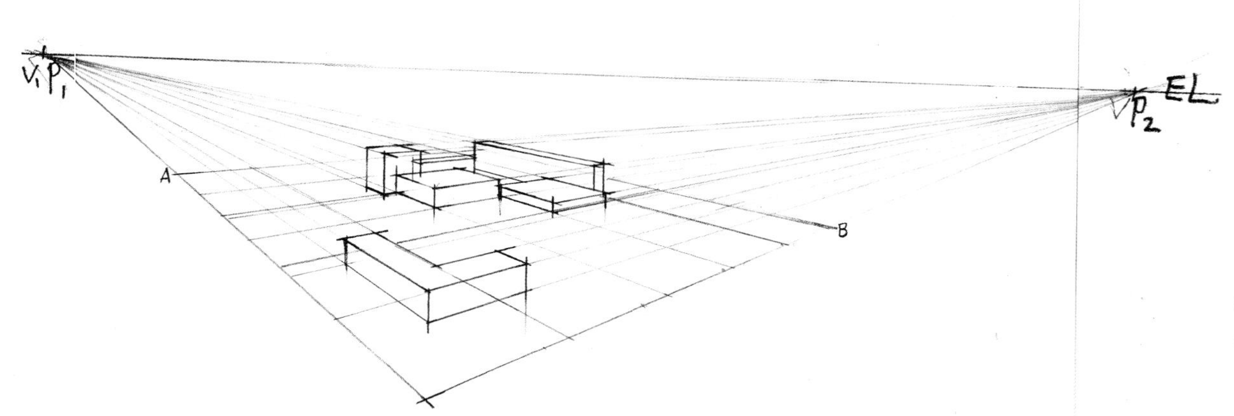


③ 画出立方体形体的树池和坐椅。

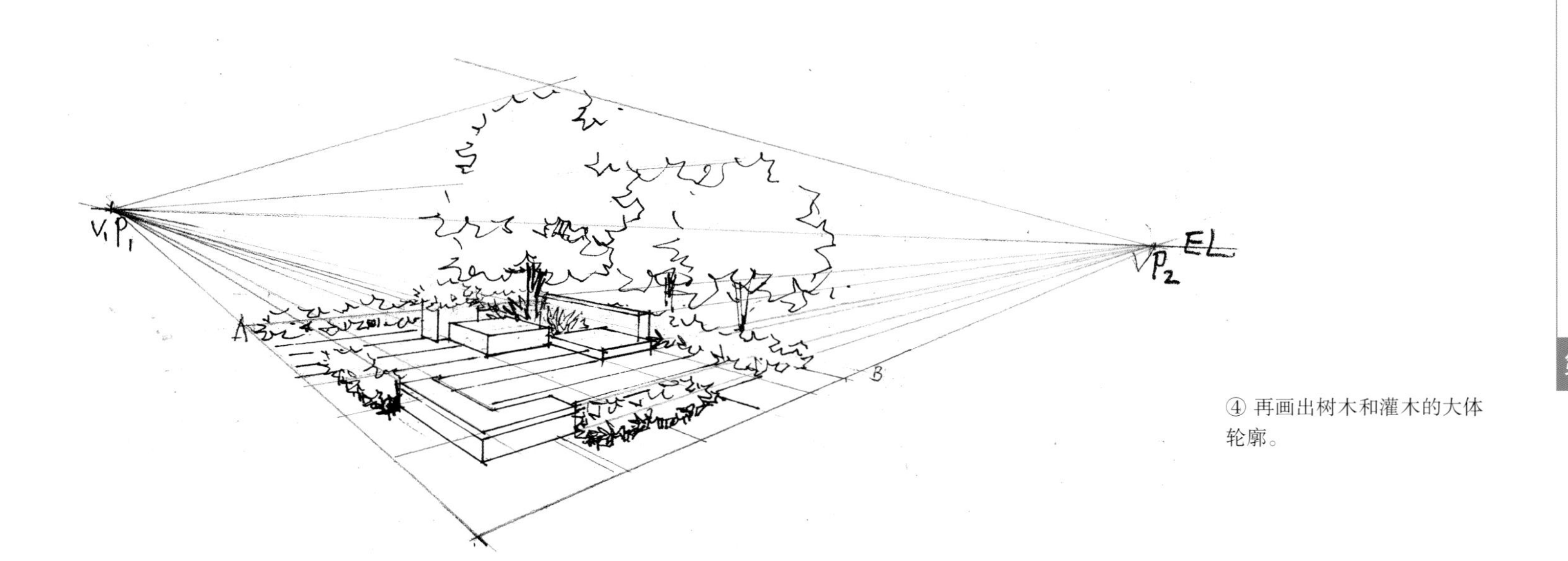


④ 再画出树木和灌木的大体轮廓。



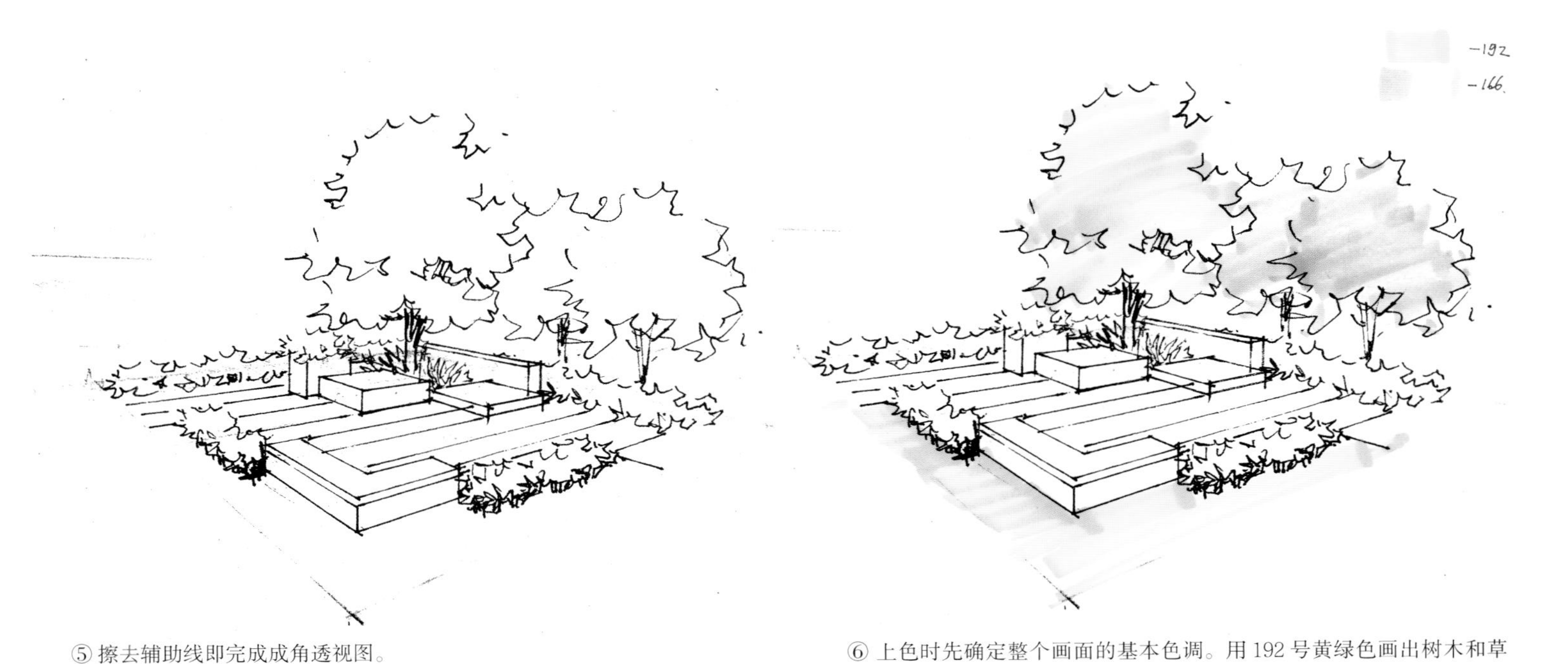


⑤ 擦去辅助线即完成成角透视图。

⑥ 上色时先确定整个画面的基本色调。用 192 号黄绿色画出树木和草坪的色彩，用 166 号颜色画出后面两棵树木的色彩。涂色时要注意用笔均匀，切勿反复叠加，以免色块浑浊、灰暗。

⑦ 接着画出在画面中占大面积的中间色调，如用 165 号颜色画树木的灰部，用 192、187 号颜色画灌木。笔触以简洁概括为宜，不用过多考虑细部，但在色调上要区分植物的近中远的关系，前景的颜色较鲜亮，后面的颜色较灰暗。

⑧ 继续进行细节处理。用 155、156、157 号颜色画树池和地面，强调运笔的笔触，颜色不要画得太满。在画面统一大色调的基础上，可以适当地对一些有特色的细部进行刻画，如用 72、95 号颜色继续刻画坐椅。

⑨ 最后对画面进行整体调整。调整画面的明暗对比并用 141、161 号颜色画远景树的色彩，用 31、165 号颜色调整植物及环境的色彩关系，加强近、中、远的空间层次。

景亭的成角透视

小区景观的成角透视

# 第三节 常见的透视图构图形式

透视图的构图是快题设计中表达意境和突出设计主题的基本手段之一。在构图中既要考虑天、地、左、右四点位置，又要考虑线与形的组织，均衡与节奏等因素。在构图时，往往会夸大某一部分，而削弱甚至省略另一部分。常见的构图形式主要有以下 4 种。

### 1. 三角形构图

三角形给人平稳的感觉。构图时把画面分成 3 等份，将画面的重心放置于分割点之上，能形成简练、平稳的感觉。

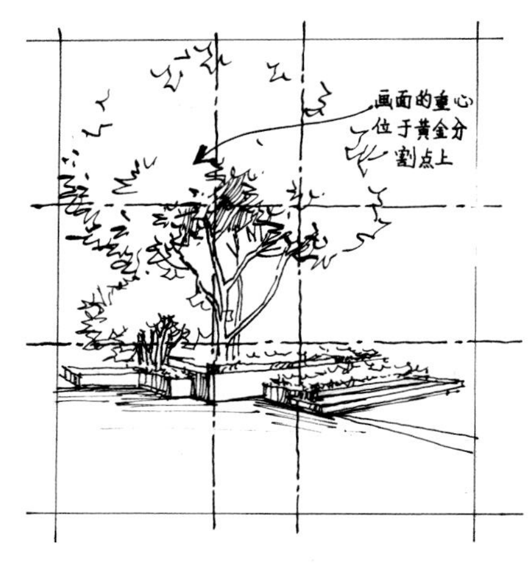


### 2. 曲线构图

曲线具有流畅、活泼的表现特征。采用曲线构图，不仅有利于加强景物的呼应关系，而且能将观者的视线由近及远带入画面空间和意境之中。

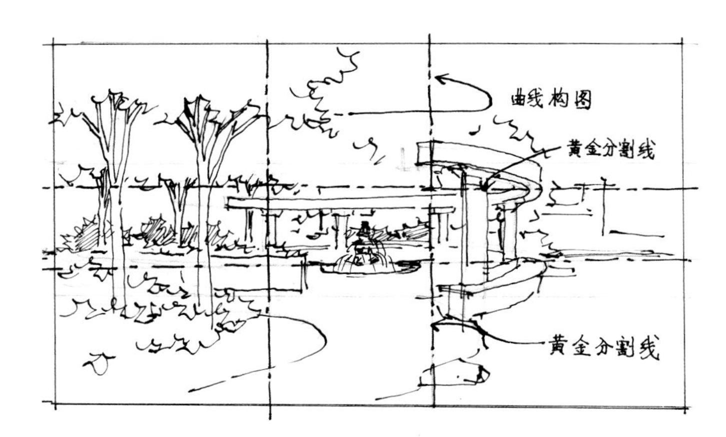

### 3. 十字形构图

十字形构图的地平线与主体中心线构成十字形。十字形构图在给人严肃、静穆的视觉感受。

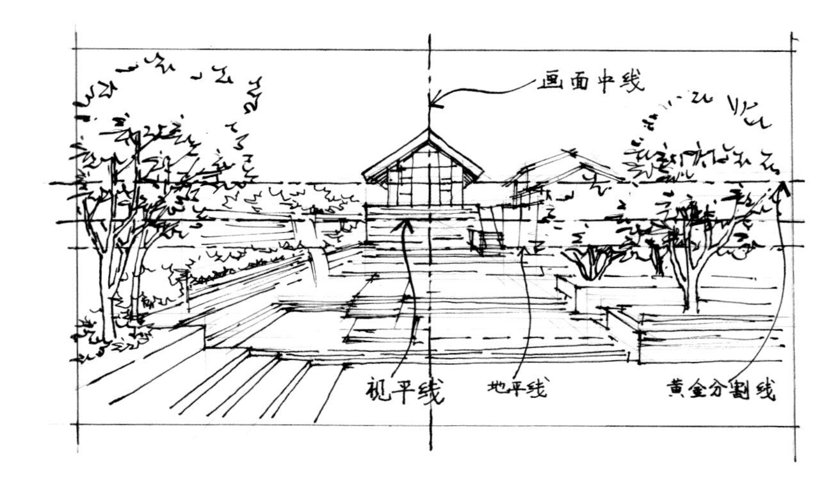


### 4. 斜线构图

斜线具有不稳定、动感的表现特征。画面对角线是画面中最长的线，选择这条线作为构图线时，动感特征最为鲜明。

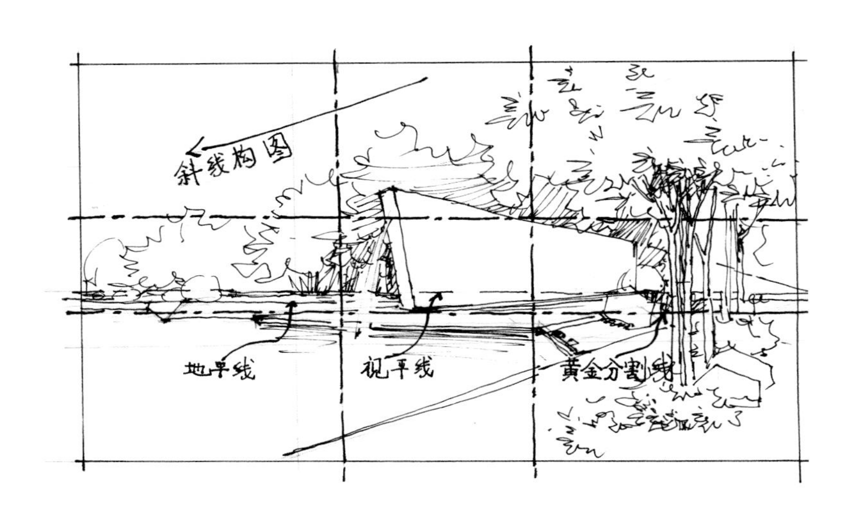

# 第四节 鸟瞰透视网格快速画法

## 一、平面图绘制步骤

已知空间长 6m，宽 5m，高 3m，用成角透视法绘图步骤如下。

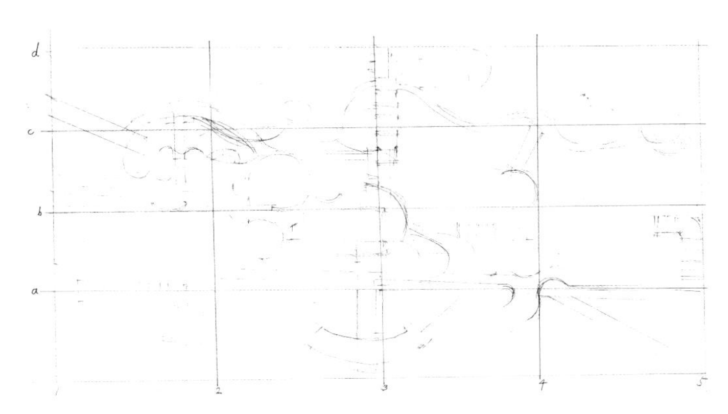

① 画出平面图的十字形网格。利用坐标画出平面中道路、广场、水面等的形状和图例的位置及范围。

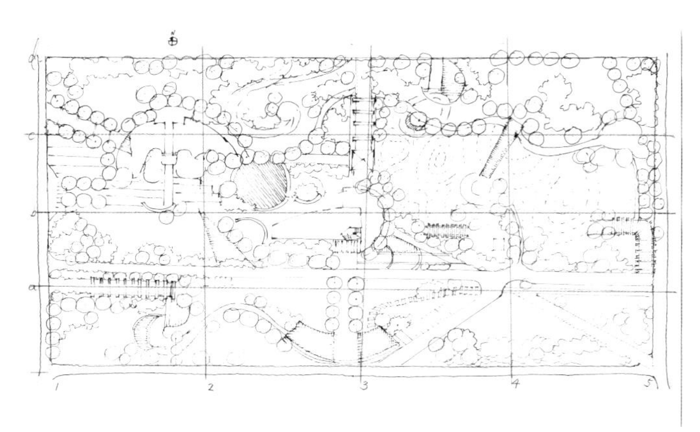

② 在刻画构筑物、图例的同时，要注重设计意图的表达。

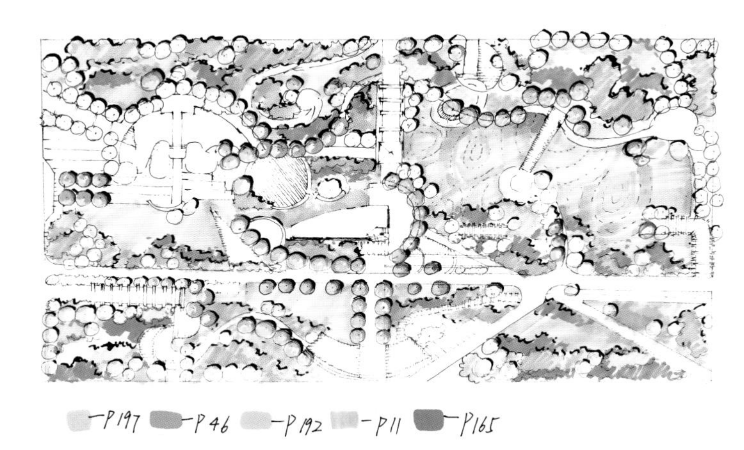


③ 先用 197 号颜色退晕法画出草坪的颜色，用笔要均匀、快速。用 46、192、11、165 号颜色画出乔木和灌木亮面的颜色。

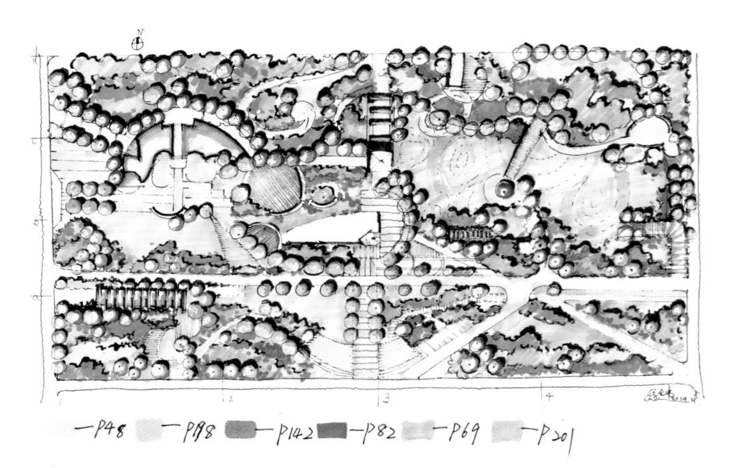


④ 最后用 48、198、142 号颜色，82、69 号颜色，201 号颜色分别画出水体、景观小品、园路的颜色。注意下笔要准确利落，力度均匀。

## 二、鸟瞰图绘制步骤

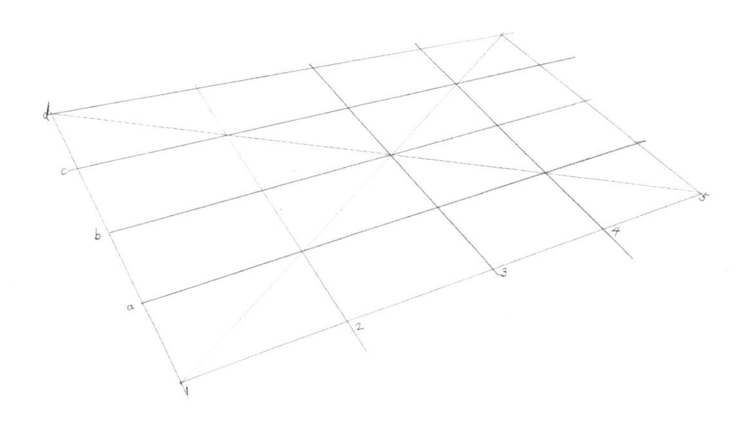


① 首先根据对角线原理画出网格，并对纵横两组线条进行编号。

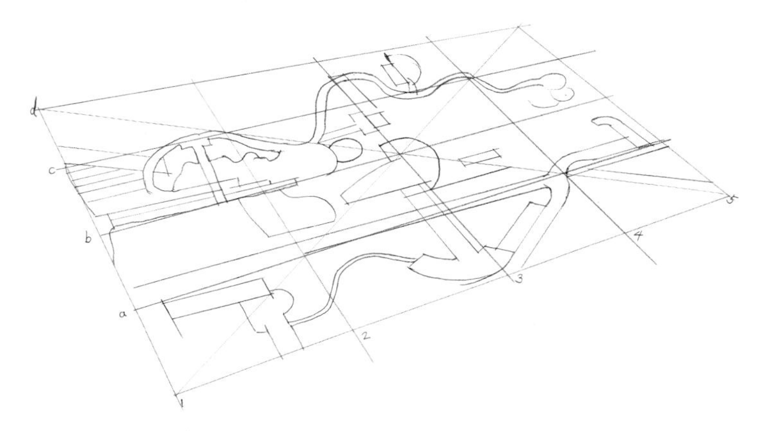


② 根据平面图和鸟瞰图网格编号的对应关系，将平面图中的道路、广场、水面、花坛、树木等所有物体的形状一一对应地画到鸟瞰图上。

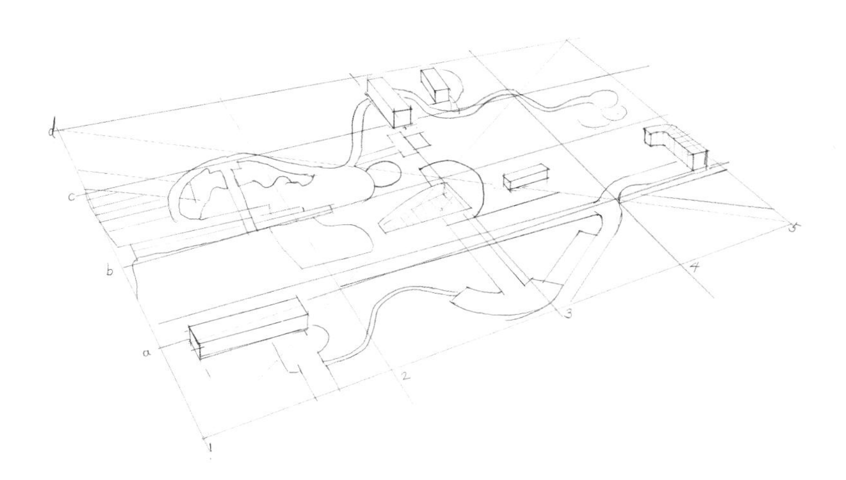


③ 参考网格透视线的尺度，分别画出构筑物和景观小品等各个设计要素的透视高。

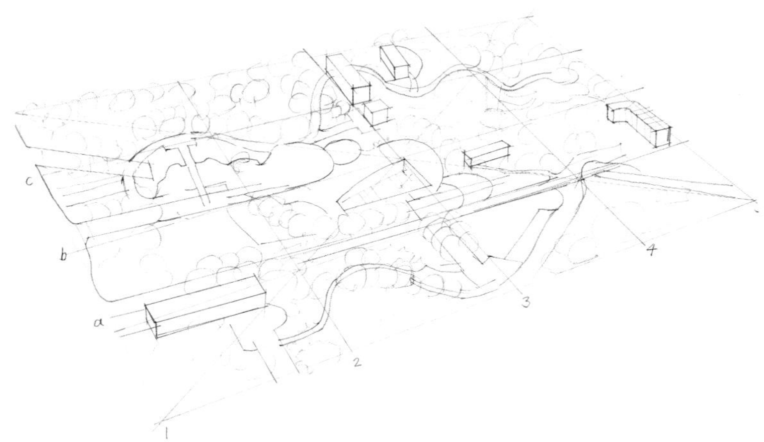


④ 植物既能烘托主要景观，丰富画面，也能体现空间尺度关系，画植物时要符合透视原理，分布要自然，与周围环境要相称。

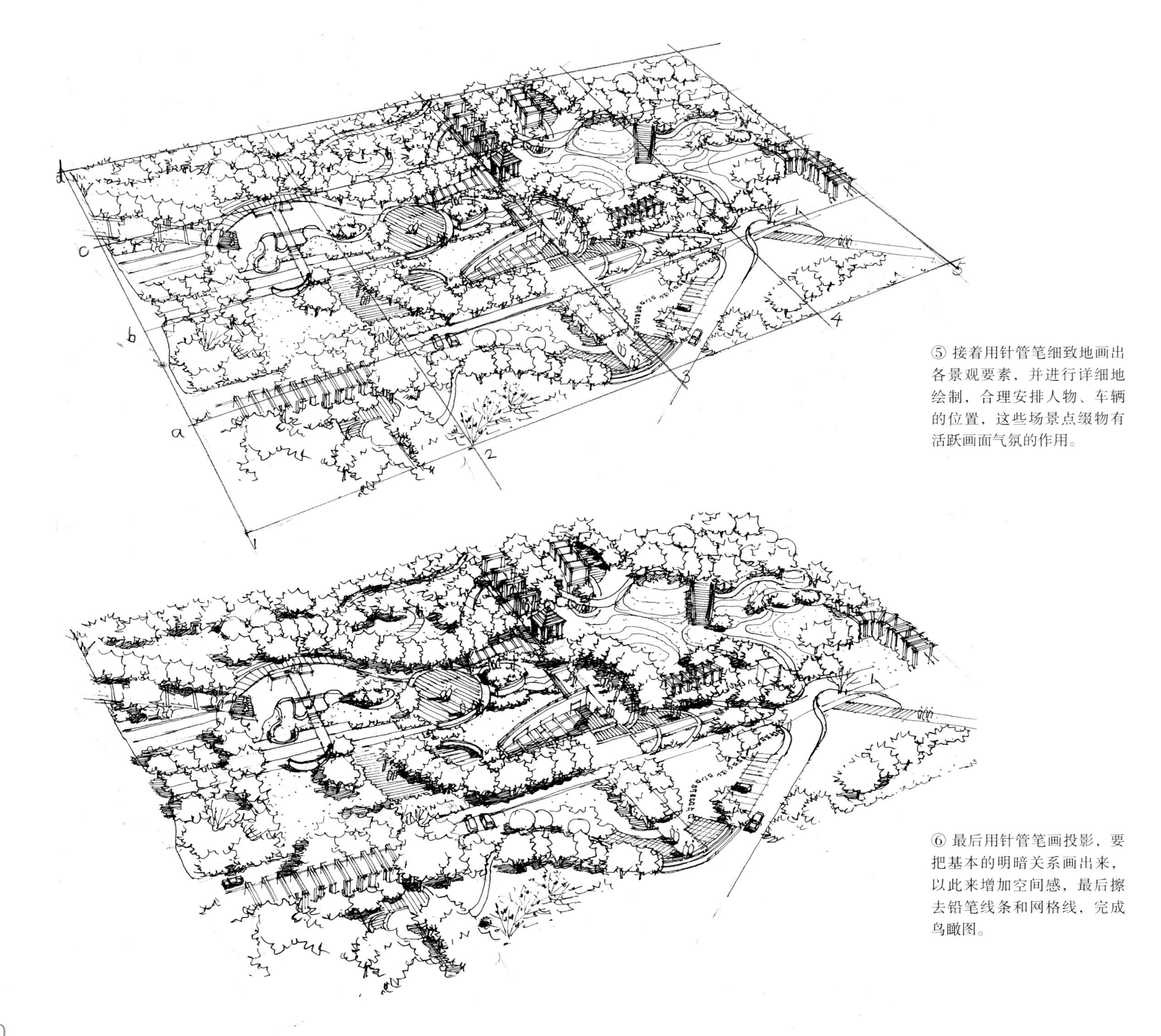


⑤ 接着用针管笔细致地画出各景观要素，并进行详细地绘制，合理安排人物、车辆的位置，这些场景点缀物有活跃画面气氛的作用。

⑥ 最后用针管笔画投影，要把基本的明暗关系画出来，以此来增加空间感，最后擦去铅笔线条和网格线，完成鸟瞰图。

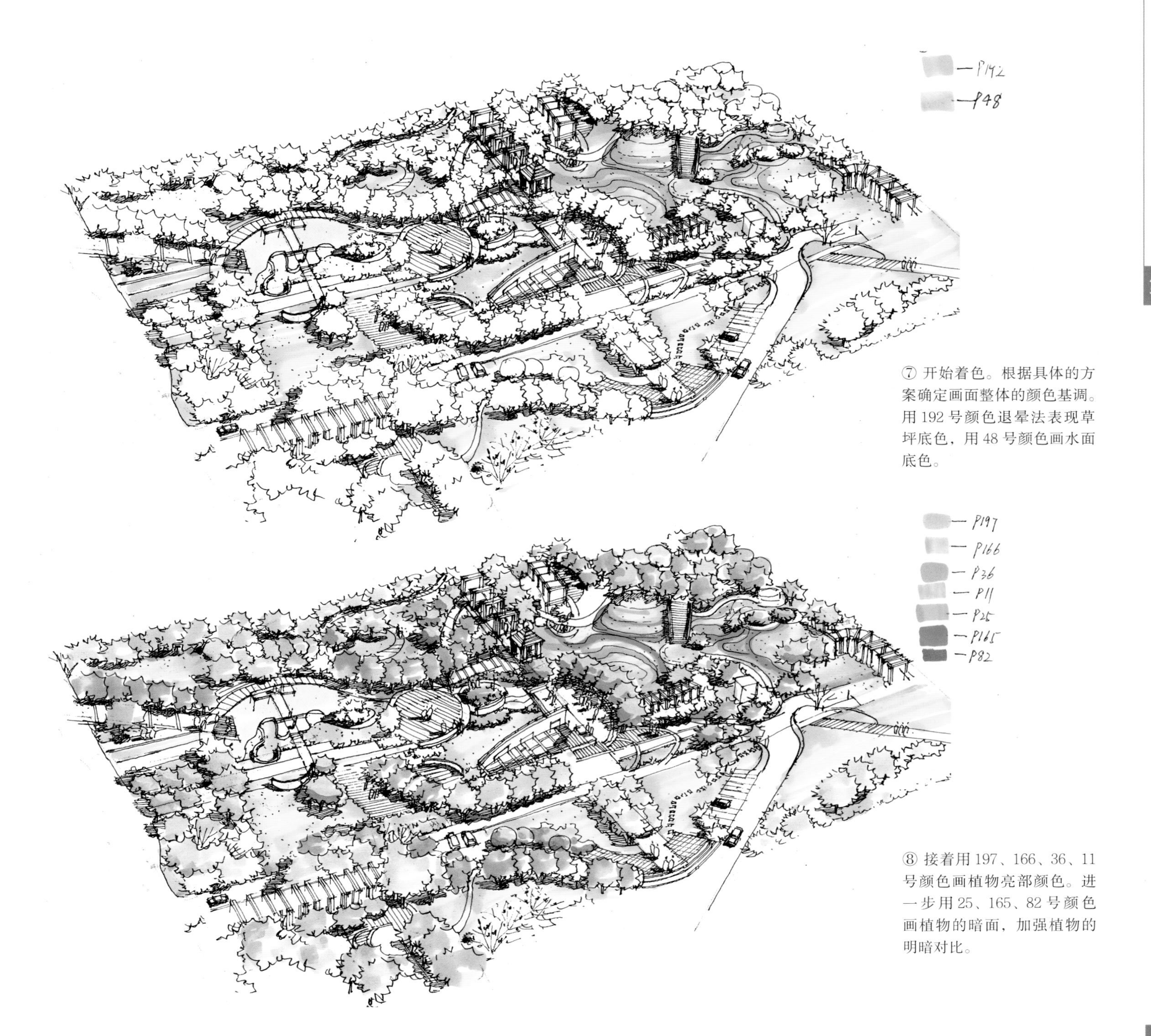


⑦ 开始着色。根据具体的方案确定画面整体的颜色基调。用 192 号颜色退晕法表现草坪底色，用 48 号颜色画水面底色。

⑧ 接着用 197、166、36、11 号颜色画植物亮部颜色。进一步用 25、165、82 号颜色画植物的暗面，加强植物的明暗对比。

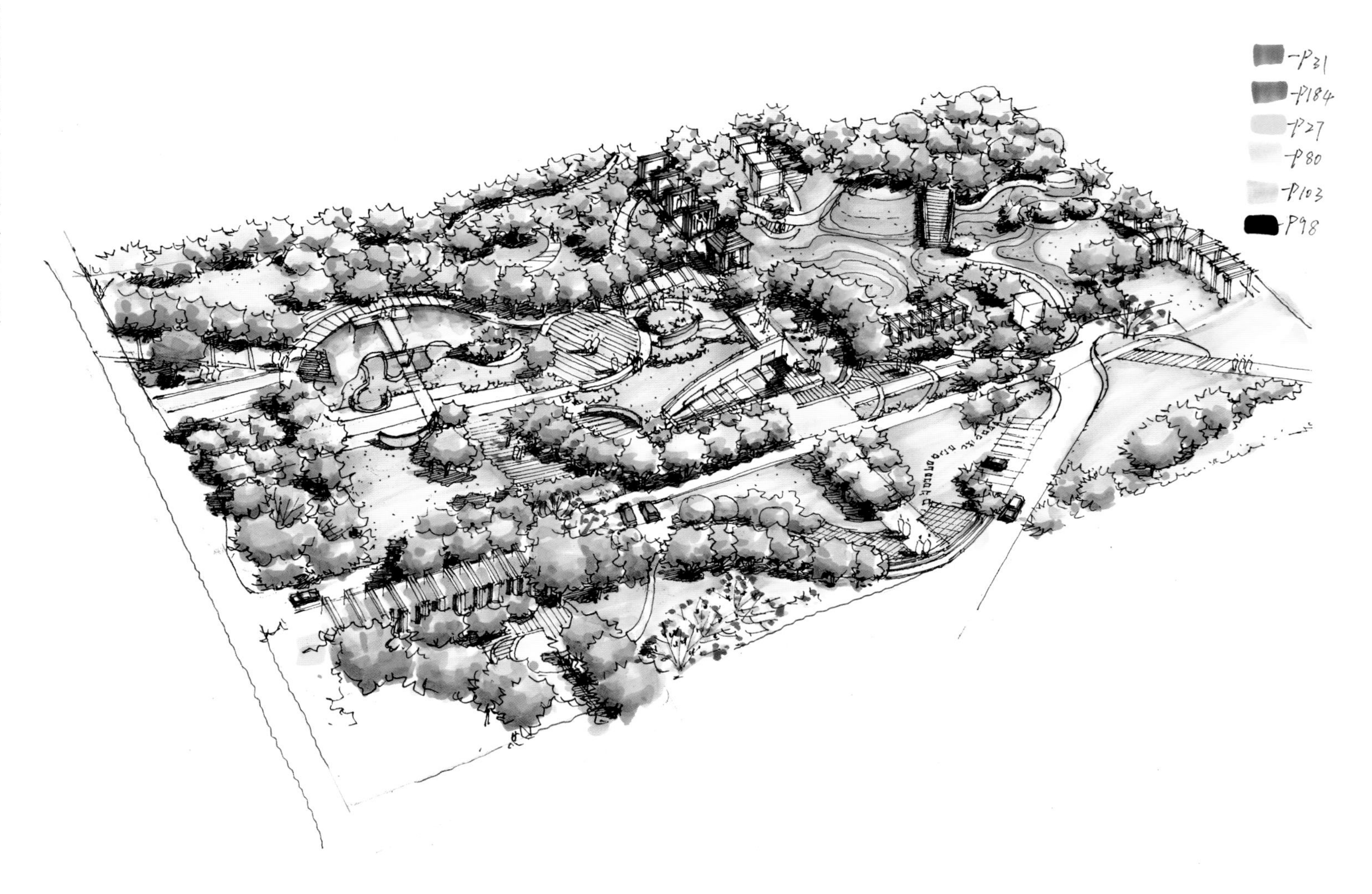


⑨ 最后用 31、184 号颜色着重刻画植物细节。用 27、80 号颜色强调构筑物的关系和结构，在主要的结构上用 103、98 号颜色压深投影，突出画面视觉重心。注意适当地在近处和远处留白，增加空间感。

## 表现实例

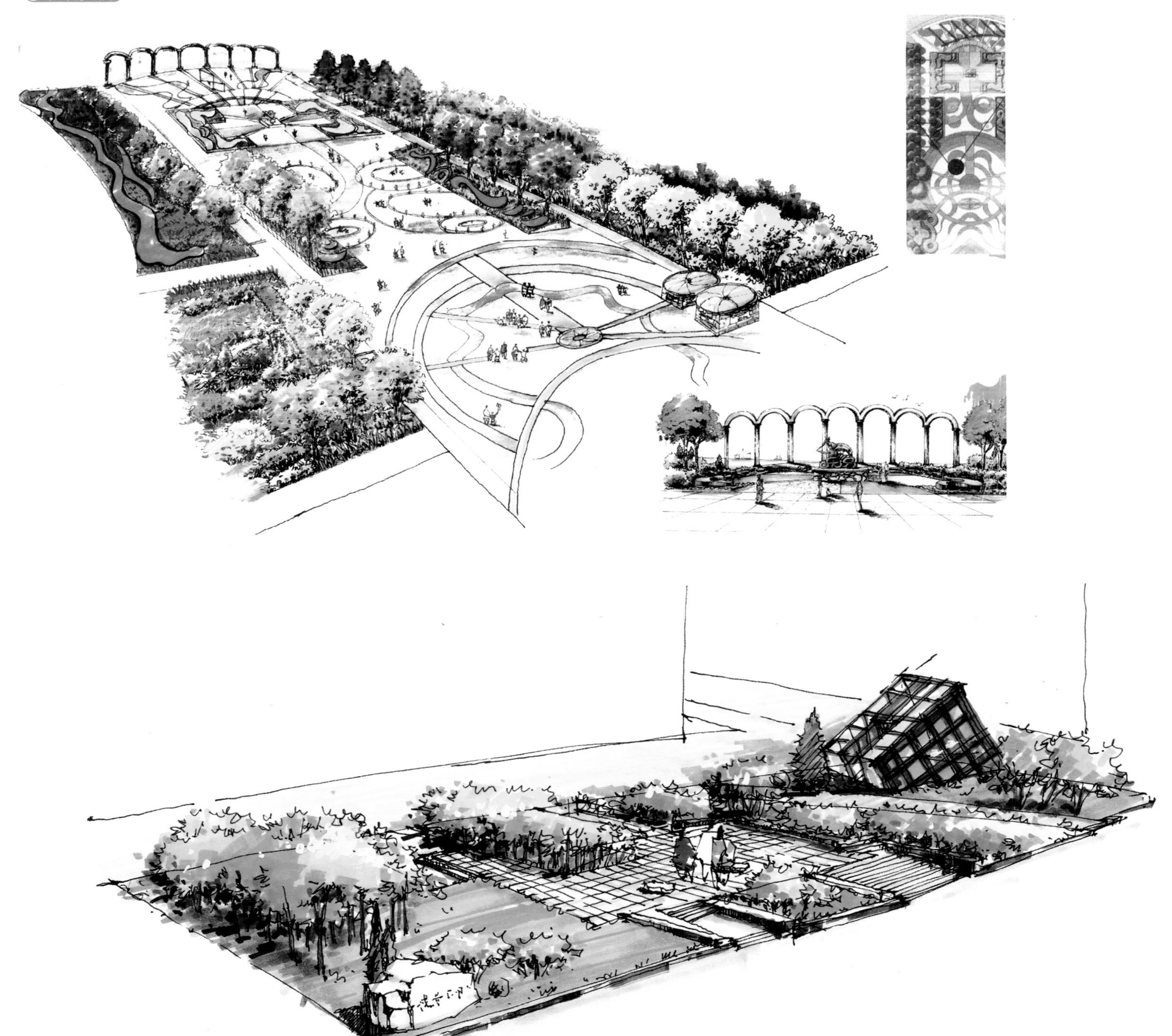

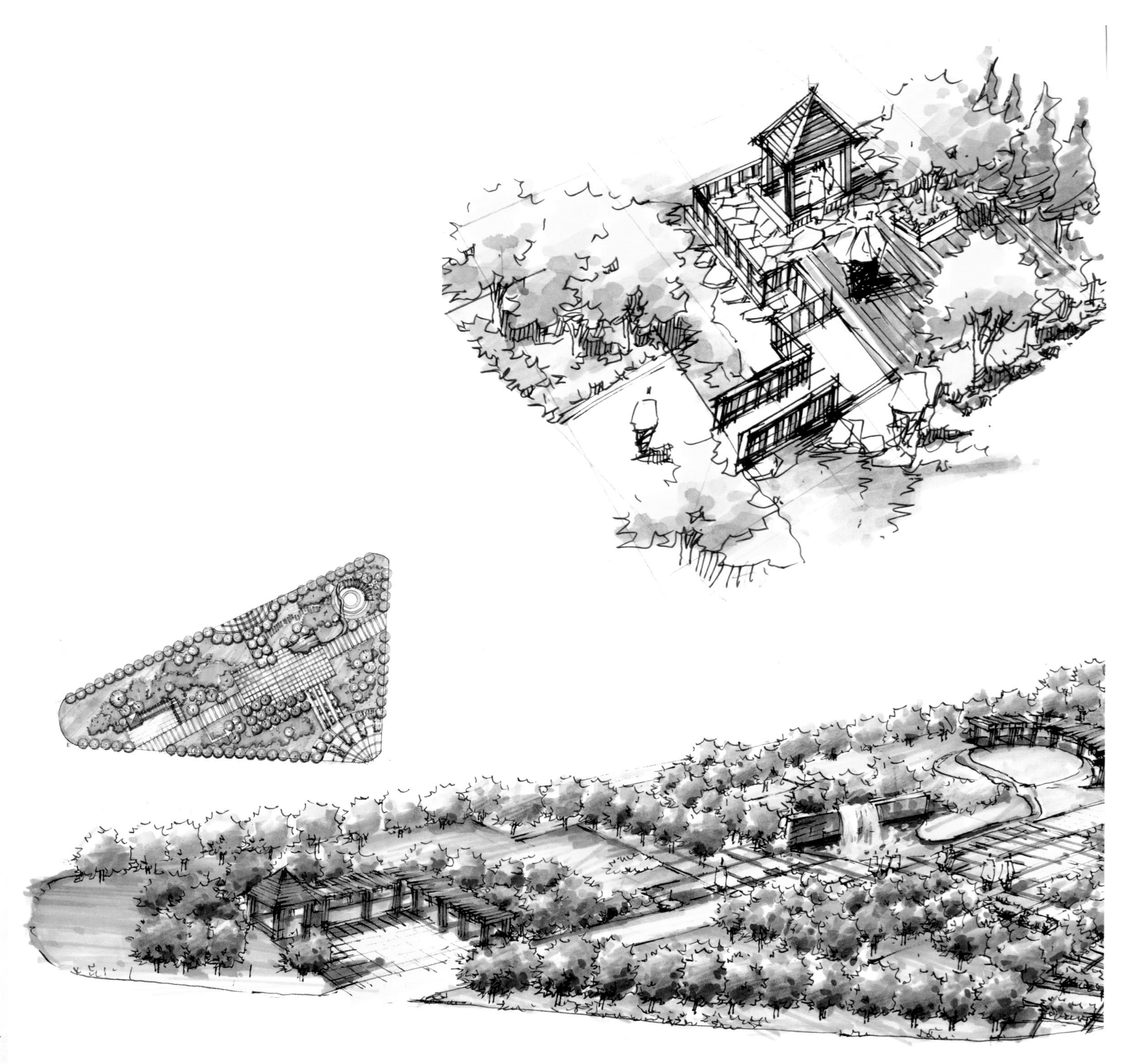

# 第五节 分析图的画法

为了更好地表达设计意图，清晰地表达设计布局，景观快题设计会要求绘制景观分析图。景观分析图分为景观纵轴（主要轴线）、功能横轴（主要轴线）、次要轴线、主要景观节点、次要景观节点等的分析图。景观纵轴、功能横轴在景观中占主导地位并具有统领性。有了景观轴才有景观节点。

景观分析图的功能横轴、主要景观节点、次要景观节点用针管笔勾画轮廓，然后在内部填充上较透明的色块。

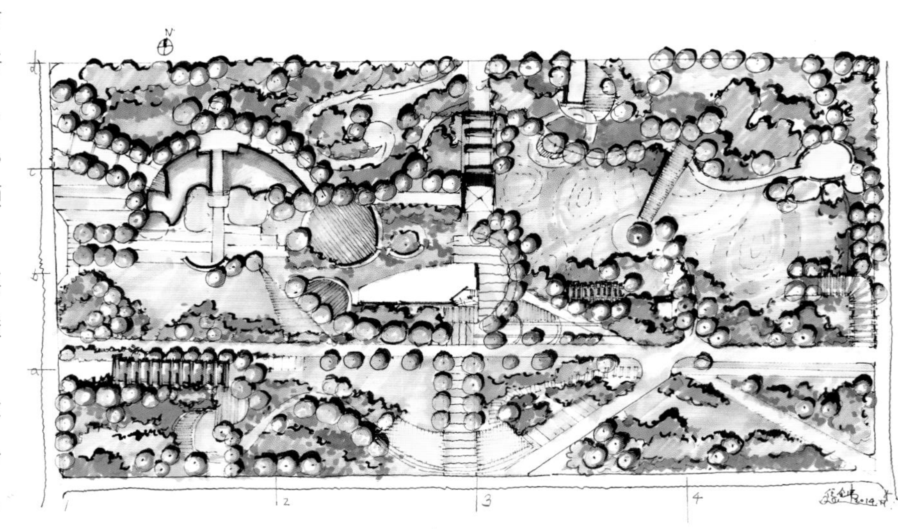

每一个分区框线和填充色要统一色彩，并且不同分区用不同色彩加以区分，并在一旁用图例标注分区的名称。注意色块（用略纯的颜色）和图例的对应，如中心景观区用红色，休息区用黄色，运动区用蓝色，儿童活动区用绿色。

右图是一个城市公共绿地设计项目，在总体景观布局上，分为东侧主入口、北侧入口、导向性较强的树阵通道、中央部分的弧线形结构等各类景观元素，其分析图如下图所示。

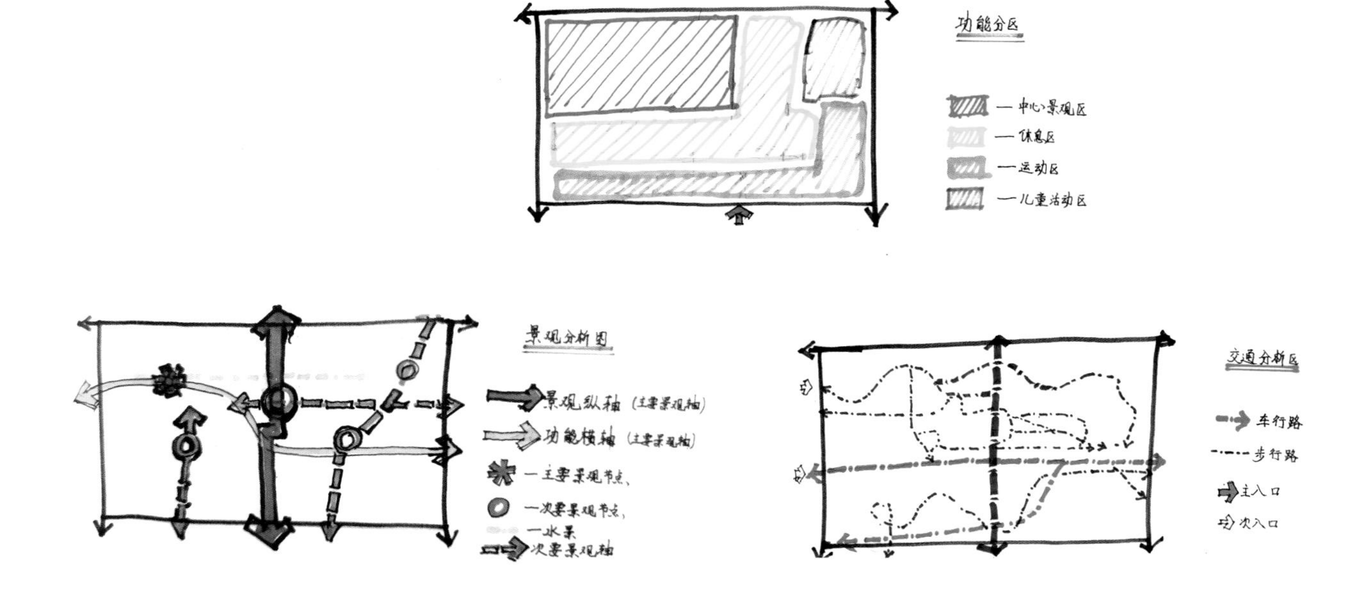

# 第六节 空间的限制类型表现

### 1. 围合

最基本的限定方式，垂直界面的运用是形成空间最基本的手段。

### 2. 设立

以高度明显的标志物形成空间，离形体越近，空间感越强。

### 3. 覆盖

相当于“顶”，一般来说有顶的空间可作为室内空间或室内与室外的过渡空间（灰空间）。

### 4. 凸起

以底面抬起的标高变化区别不同的空间感，凸起的部分具有体量感。

### 5. 挖掘

向下方向形成的空间，挖去的部分促成空间容积。

### 6. 托起

将底面与地面分离，以某种方式架构起来呈悬空状空间。

### 7. 变化质地

在不改变标高的情况下用以材料、颜色、肌理等的改变来区别不同的空间。

# 第七节 比例、尺度的表现

比例是指景观要素之间，以及要素与整体之间在度量（长、宽、高）上存在的关系。

1:1　　3:1　　1:4

长高比

尺度是指景物的大小与人体大小之间的相对关系，以及景物各个部分之间的大小比例关系，而形成的一种尺寸感。在透视图中以“人”为“标尺”来体现景观的尺度。通常人的高度在1.5～1.8m之间，在景观表现中，人物小景观尺度感就大，反之就小。

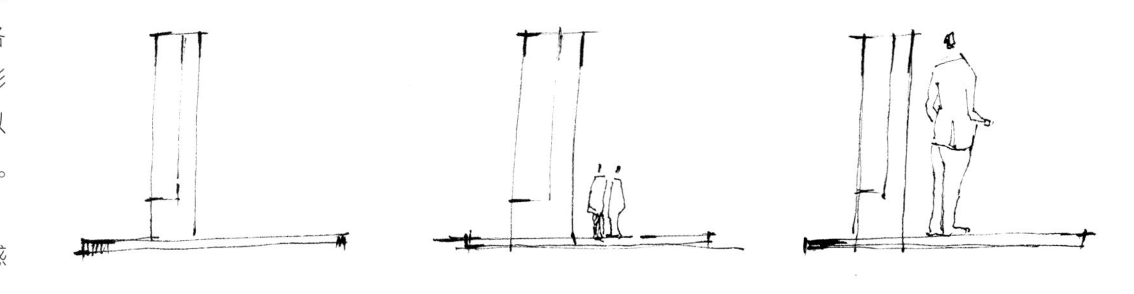

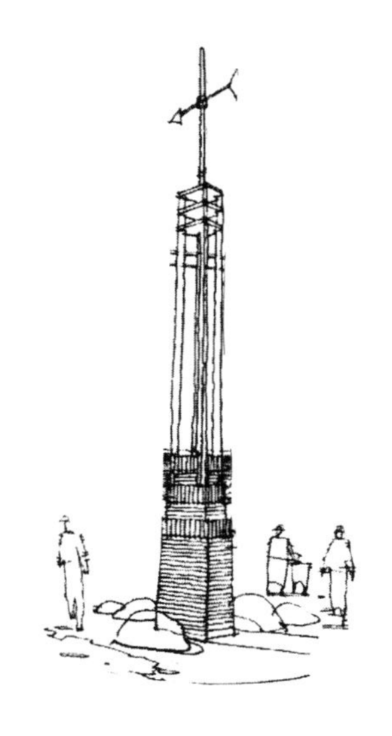

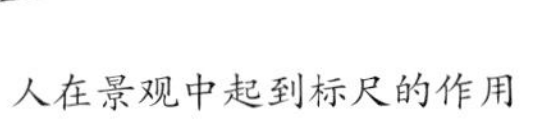

人在景观中起到标尺的作用

# 第八节 马克笔表现的三个技巧

## 一、配色的技巧

### 1. 抓住画面的主要色调

画面的主色调有冷色调和暖色调，整个画面要统一在一个主色调中，不同色彩的明度和纯度不要对比过大。色调的选择要根据表现内容和不同空间的功能来确定。

暖色调

沈阳汇景堂景观设计有限公司绘制

冷色调

## 2. 把握物体的固有色

固有色是物体本身的颜色，如种植是绿色系的，木头是黄褐色系的，玻璃和水是蓝色系的。在固有色的基础上使用这些色彩的同类色或一点对比色，即可以使色彩自然而丰富。

### 3. 对比的运用

学会明暗对比、冷暖对比等手法能丰富和协调画面。

通过色彩的变化和明暗的对比，将植物与地面区分开来，增加画面的空间感

### 4. 物体亮部留白，暗部色彩要单纯统一

马克笔颜色较鲜亮，画面必须留有一定空间的白色作协调色彩，调节画面气氛，同时又能起到表现空间光感和物体质感的作用。切记，必须留白，否则画面会因为过闷或过艳而呆板不生动。

暗部和投影起到统一和谐整体画面的作用，色彩要尽可能统一，即使有对比也是微妙的对比，切记不要有大的冷暖对比、色相对比。投影处颜色要更重一些。

### 5. 物体暗部和投影处选择中性灰系列

马克笔上色时，可以使用灰色系列先画暗部和投影处，将画面整体的素描关系强调出来。这样有利于把控整体画面的空间透视关系和物体的结构关系，能给进一步着色奠定良好的基础。是选择冷灰色还是暖灰色，可根据画面的整体色调而定：暖色调的画面，暗部和投影用暖灰色，冷色调则用冷灰色。暗部的画法同样用叠加法画出层次。

## 二、同类色叠加的技巧

马克笔一般编号接近的，颜色也比较接近，属于同类色，这些色彩可以相互叠加，丰富画面，比如黄与绿，紫与红，绿与蓝等都可以相互叠加。

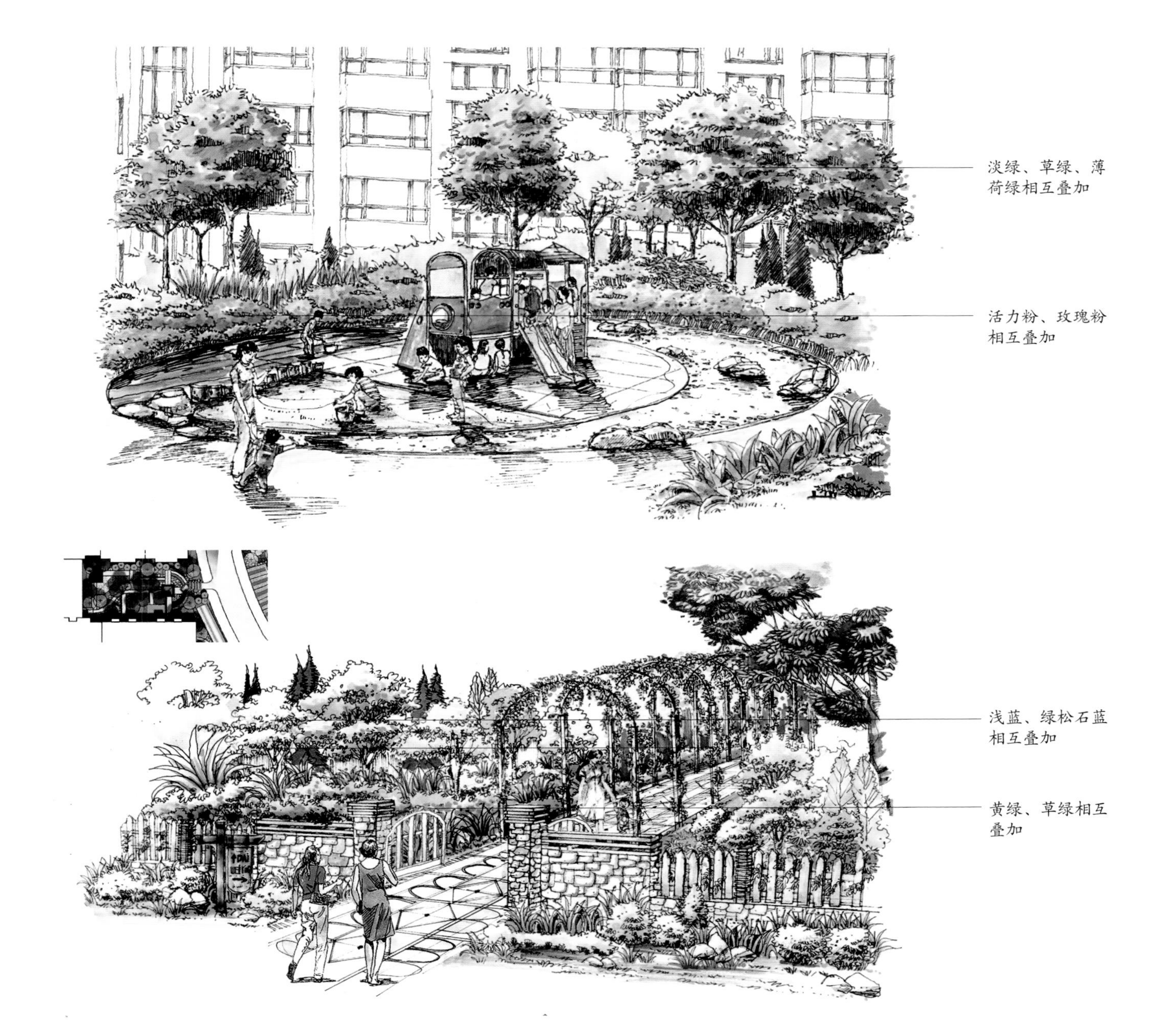

## 三、高纯度颜色使用的技巧

画面中不可不用高纯度的颜色，但要慎重用。高纯度的颜色用好了能使画面灵动有活力，用不好则会使画面杂乱无序。

画面中的形体结构复杂时，投影关系也随之复杂，这种情况下纯度高的颜色要少用，面积不要过大，色相不要过多；相反画面结构简单，投影关系单一时，可用较丰富的色彩调节画面。就画物体或建筑而言，平整面大时，多用纯色对比，立面结构变化丰富时，少用高纯度颜色，尽可能使用亮色或者浅灰色。

当必须用高纯度颜色画物体时，而且画面中色相变化丰富，空间中色彩占有较多面积，暗部应采用大面积的重色，地面受光部分大面积留白，物体受光区也要适当留白，这样才能保证画面的效果。

STOP
21

1

间杂彩叶的道路背景林.
红色彩钢框架.
蝴蝶彩钢雕塑.
九华山道路花池.

## 第四章 

# 景观快题的综合表现

# 第一节 景观快题设计的图纸内容

本节以“校园小游园景观设计”为例讲解景观快题设计的图纸内容的手绘表现方法。案例设计范围内南北两侧均为学校学生实习设施，以亲近自然的意境作为主题，该园占地面积 2000m$^2$，其中水池面积为 100m$^2$，基本结构是以水体为中心的环游式小游园。

## 一、设计草图

首先要构思草图，草图的表达是设计思维的图像化，是抽象思维转成视觉形象的过程。在画草图时，不必画过多的细节，把大体形状画出即可，不必过多地追求空间感、质感，重要的是表达思维的演化与推进过程。

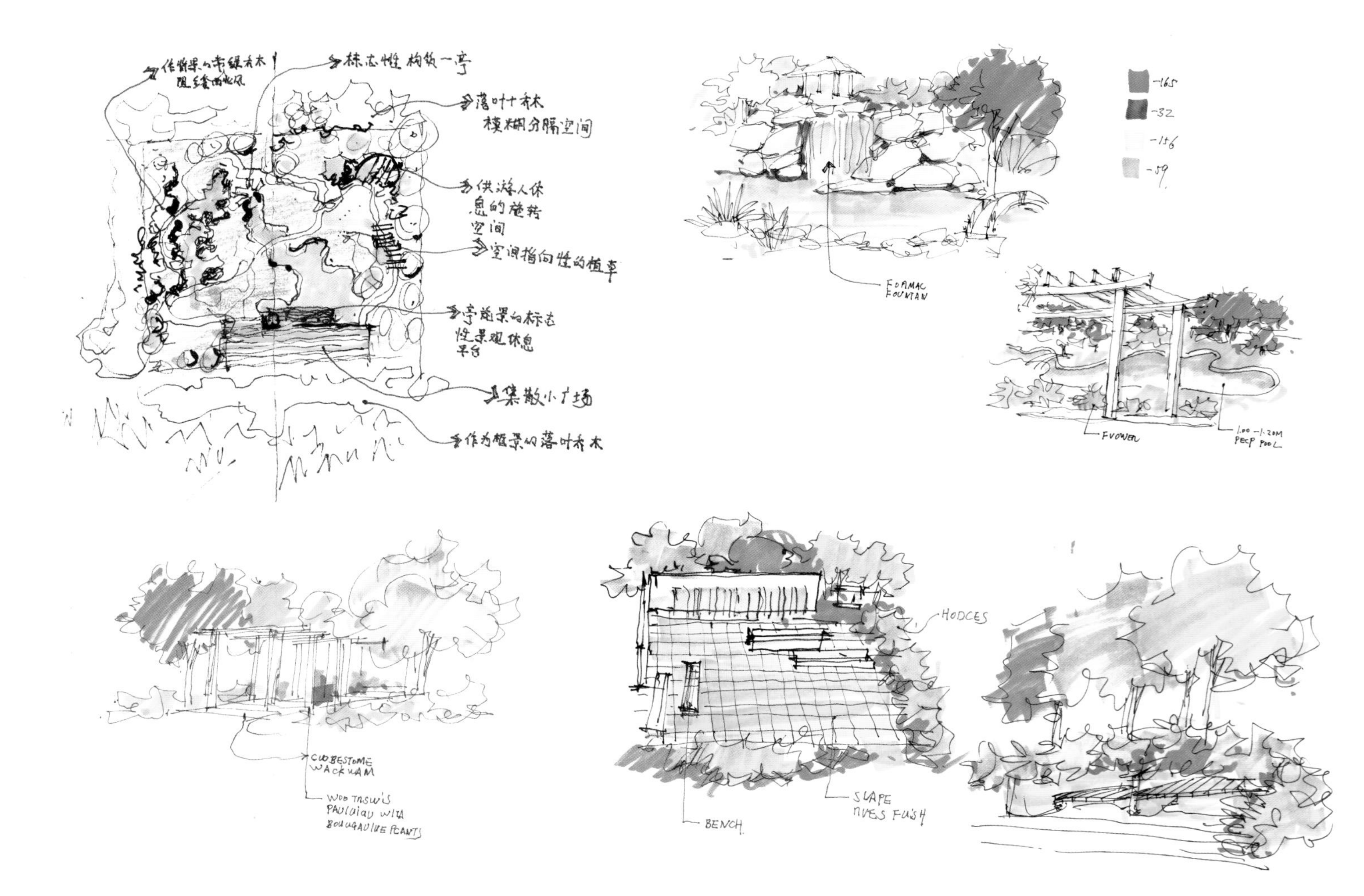

## 二、平面图

根据设计说明的要求进行方案布局。一般情况下，总平面图是最大且最重要的部分，总平面图应充分表现设计范围内景观要素的布置，如入口、道路、广场、水体、景观建筑。在把这些景观要素表述清楚的情况下，总平面图还要做到主次分明。着重细画图面中的主要景观区和亮点部分，用画法来区分乔木灌木草本植物，区分植物的种类；用不同粗细的墨线和颜色来表现场地铺装的尺寸、材料（如木纹、大理石等）；可用鲜艳的颜色来点缀主景观。总平面图中其他部分可用墨线与简单的颜色略画。

景亭：位置可以登高眺望，为整个园区的视觉中心。

休息小广场：面积 $47m^2$，环境幽静，除满足观赏以外，还提供休息场所。

入口：为集散广场，面积 $120m^2$，能集中分散人流。

水池：水生植物种植区，为小游园的核心部分，设计成下沉空间。

## 三、透视图

画透视图的时候需要注意以下几点。

① 要画出景观要素的立体感和场地的高低关系。

② 透视图要注意用墨线细化近处的景观要素（如近处树木要画出优美树姿，丰富的阴影关系）。

③ 要表现出远、中、近的景观层次，色调要统一，颜色一般选择较暖的颜色来画近处的树木，较冷的颜色画远处的树木。

④ 距离我们视线远处的景观要素用墨线粗略画，画出树的轮廓线与树干，以及少量的阴影关系即可。

⑤ 为了活跃画面，可适当用较鲜艳的色彩点缀细节，如图中的人物、花灌木等。

亭子与跌水

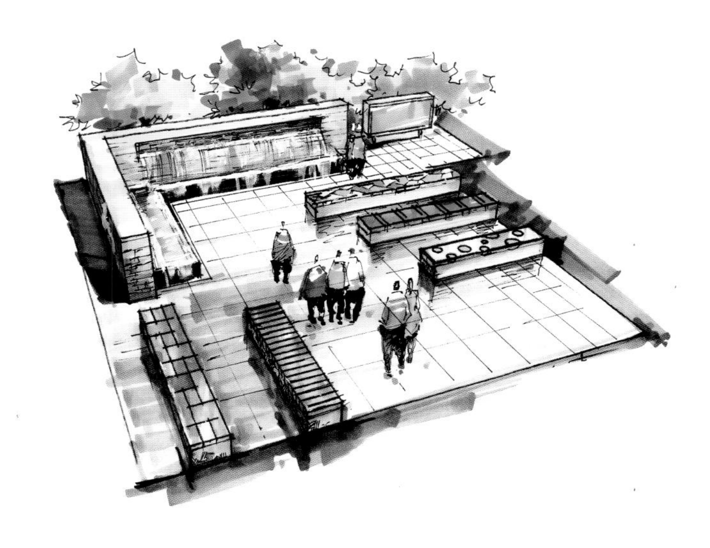

壁泉

休息区坐椅

花架

水体

## 四、鸟瞰图

能展现景观设计总体的空间特征和局部间的关系，表现时要注意景观间的比例关系，道路系统尽量在图面中表达出来，要从整体把握每个物体的造型、颜色和光感，并要协调氛围。

植物要画出丰富的层次感，乔灌草结合，利用植物来形成开合空间与闭合空间。开合空间指以种植低矮灌木或小乔木而形成的空间，其特点是游人在空间中，视线可看向四面八方；闭合空间的画法，在游人驻足的场地周围画出高大乔木以及低矮灌木，同时在此空间中布置休息廊道或坐椅，可为游人营造私密安静的休憩空间。

全景鸟瞰图

## 五、剖面图

剖面图多选择主景观或有特色的景观处，将其南北向或东西向剖开，重点要突出设计场地的地形变化。植物要画出乔木、灌木、草被的层次。

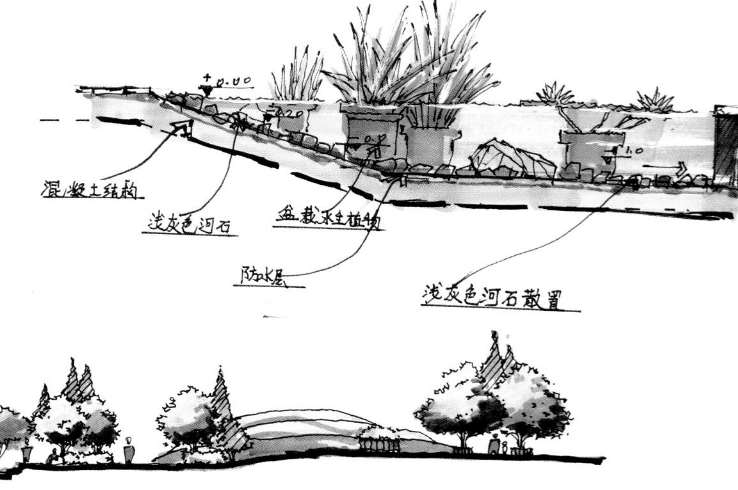


剖面图1:200 I—I

## 六、景观快题的布局

景观快题设计考察的是设计者的方案设计能力和手绘表达能力，阅卷者会从图面的整体效果判断设计者的修养和基本功，整洁美观的图面将给评阅人以良好的第一印象。景观快题设计中，由于时间紧张，不可能在定稿图全部画完后再排版，在主要的图纸（平面图、透视草图）完成后即要进行排版。

### 1. 景观快题布局的原则与要点

在排版时要注意以下几点。

①排版时要先主后次，确定平面图、立面图、分析图的位置，再考虑效果图（或鸟瞰图）以及设计说明的位置。内部区域分割不要太平均，分割面积大致如下：平面图 > 透视图（鸟瞰或效果）> 标题 > 剖面图 > 竖向分析图或扩初图（如果有要求）> 各个分析图 > 设计说明。不同区域用 1mm 线框起来，框线之间留 2mm 间隔。

②排版的基本原则是保持对位关系，构图均衡、图文协调、重点突出、没有漏项。平面图与立面图最好保持一定的对位关系。可以将自己画得比较好的透视图或鸟瞰图排在显眼的位置上。如果排版已经不均衡了，应想一些耗时不多的补救办法，如添加一些与设计有关的分析图、设计说明等，以平衡版面。

③标题与黑框也要有间隔，图纸边框要画黑。标题文字加黑加重。设计说明文字可以加下划线。

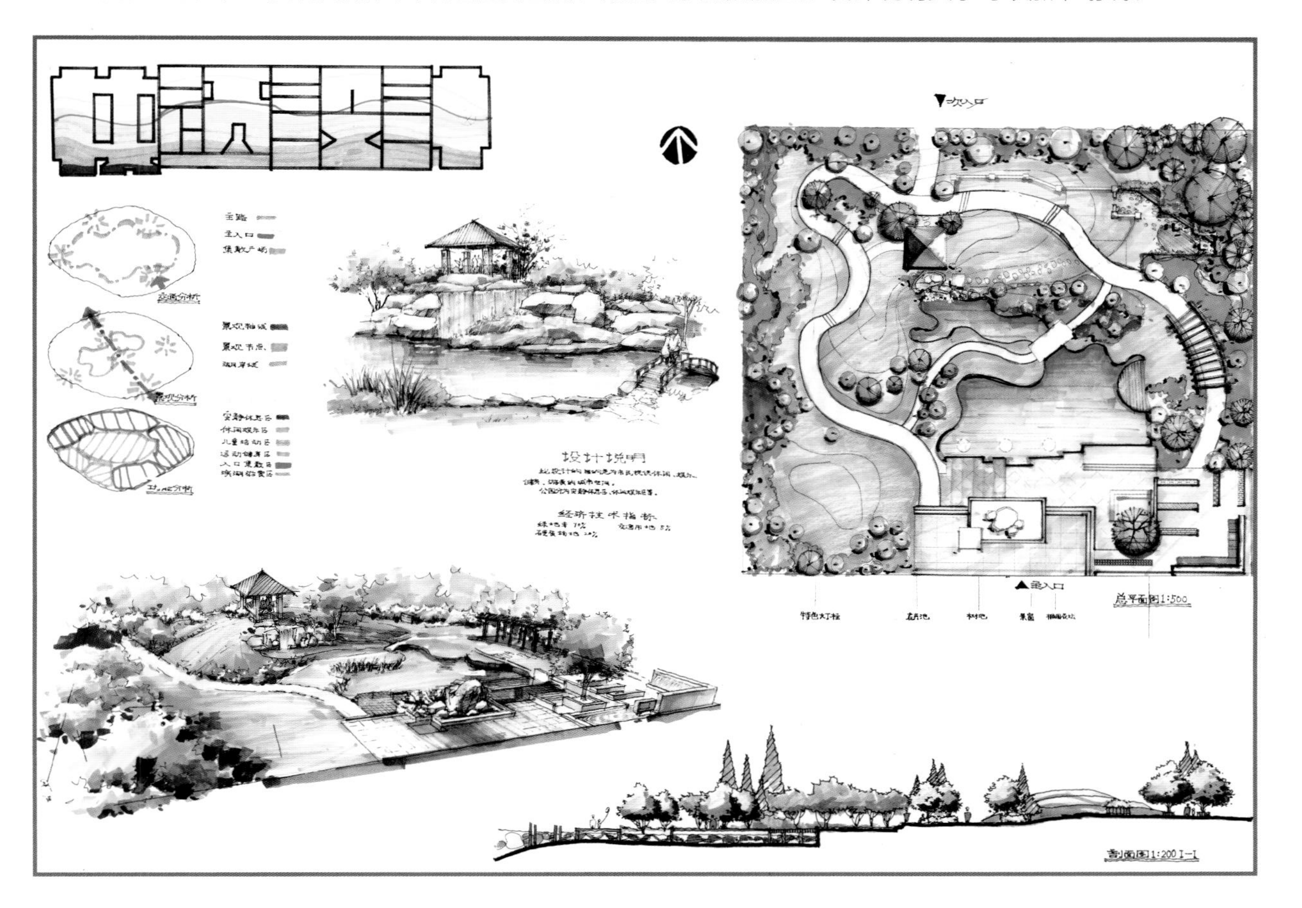

绘制具体的各个部分时，有以下的一些建议。

（1）平面图

周围画些周边环境（建筑、民居、道路等）和引线标注，可选择 1mm、0.5mm、0.3mm、0.2mm、0.1mm 的针管笔。有水体时，多延伸一些面积，画些水线，目的是让平面图面积大些，其它区域就会变小，画的内容就会变少，一则可以节省时间，二则可以减少图纸内空白区域。

（2）鸟瞰图

如果鸟瞰图不小心画小了，会留出来很大的空白，可以在鸟瞰图上引出来一个框，里面画上一些小效果或者局部细节的小分析图，比如雨水花园、渗透系统、植草沟等。

（3）效果图

可以用尺子画，要加入人物。

（4）剖面图

用尺子画直线，植物群落要画得丰富、有层次（简而言之，前中后、高低都有树、石头、水体、构筑物、人等），标高最高点尽量接近区域内的最上方，让区域内充满，别留空白。

（5）分析图

用线的粗细变化要丰富。

## 2. 景观快题布局的横版与竖版

（1）横向排版

横向排版较为常规，也是国内设计考研真题中使用比较多的一种类型。排列及组合的方式应遵从左到右的阅读习惯。 在一张 A2 或 A1 幅面的图纸上，平面图作为主要的视觉区域，一般占整个篇幅的 30% ~ 40%，效果图或鸟瞰图作为次要的视觉区域，约占整个篇幅的 25% ~ 30%。

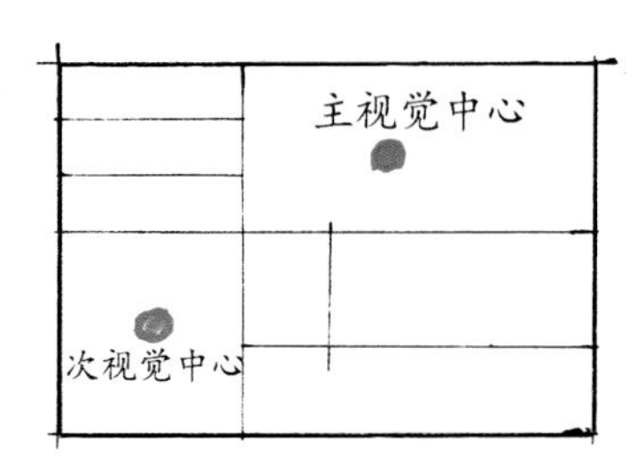


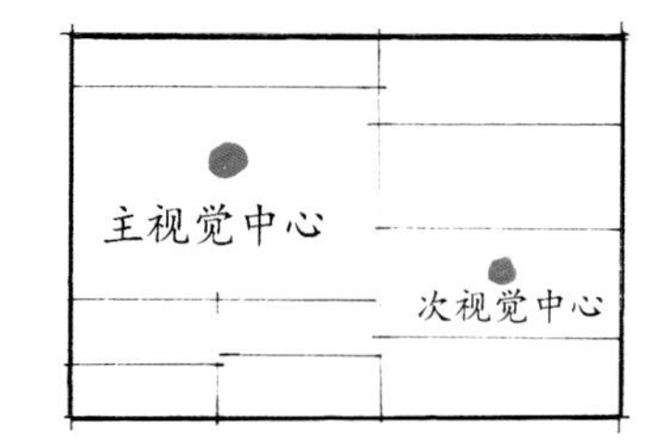


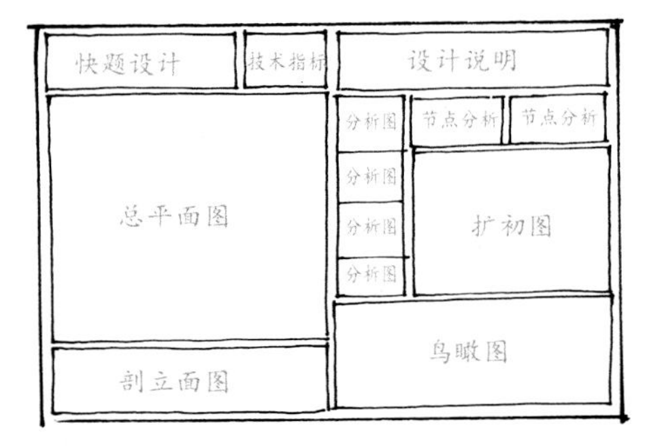


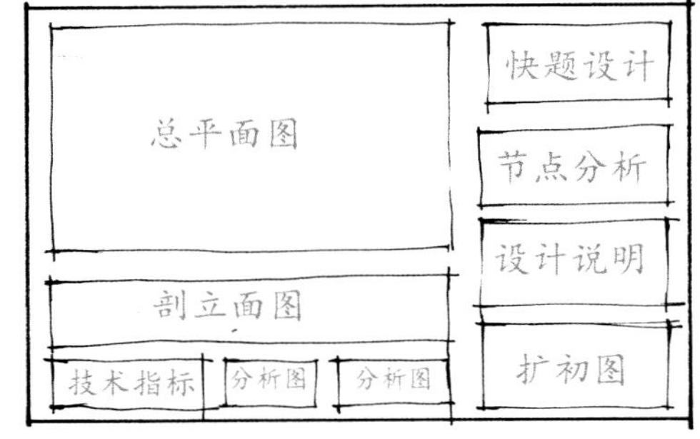


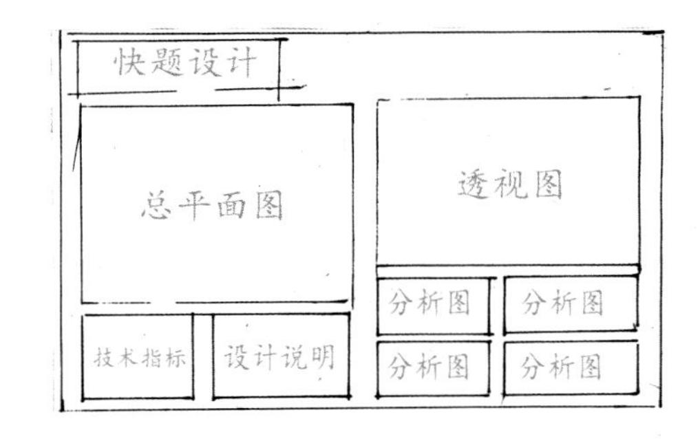

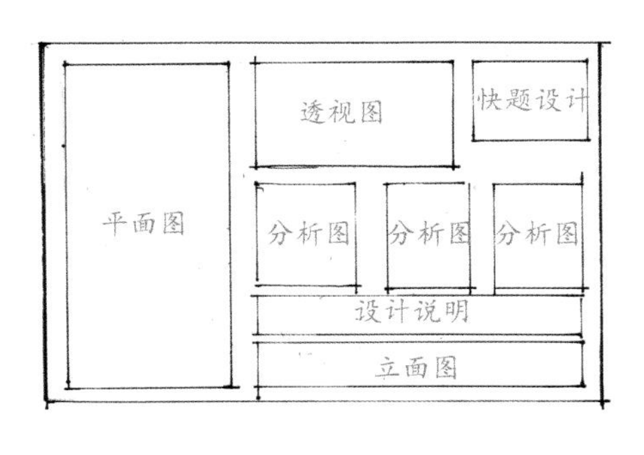


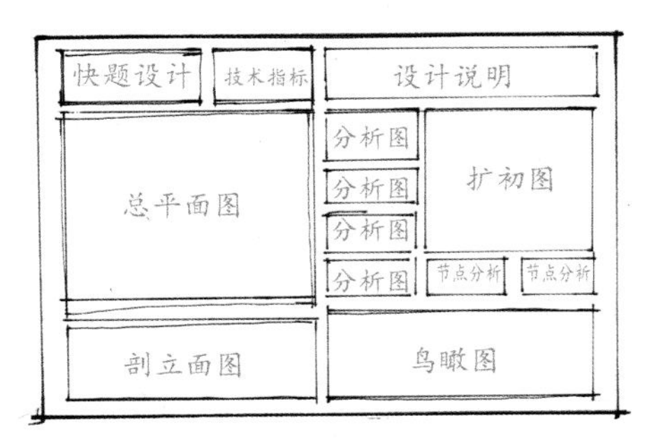


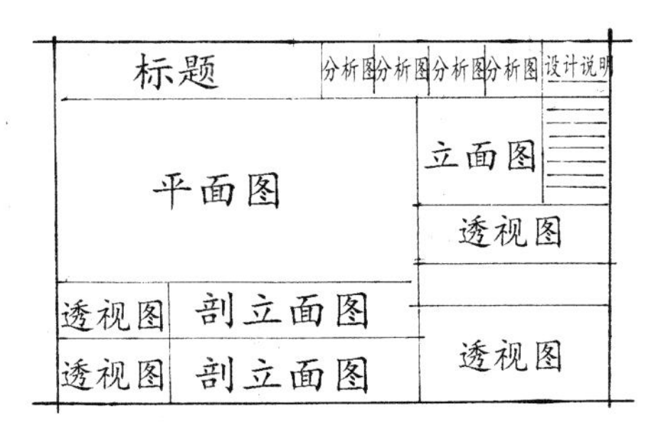


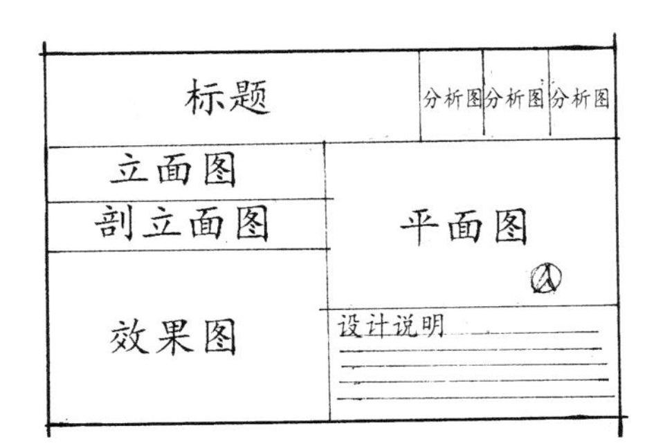


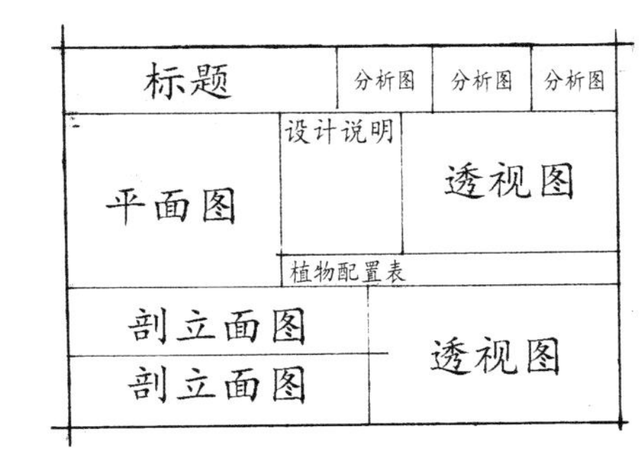


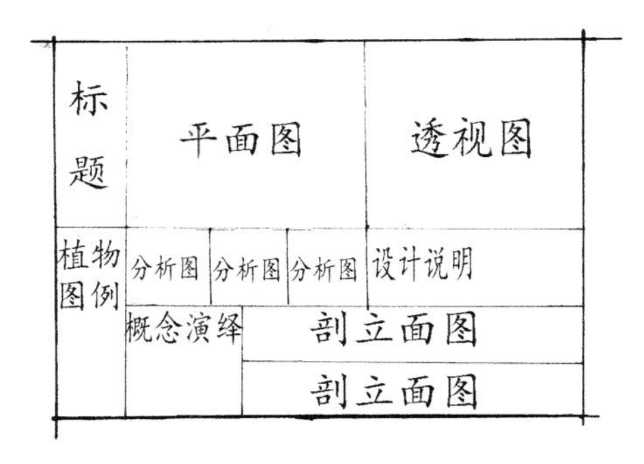


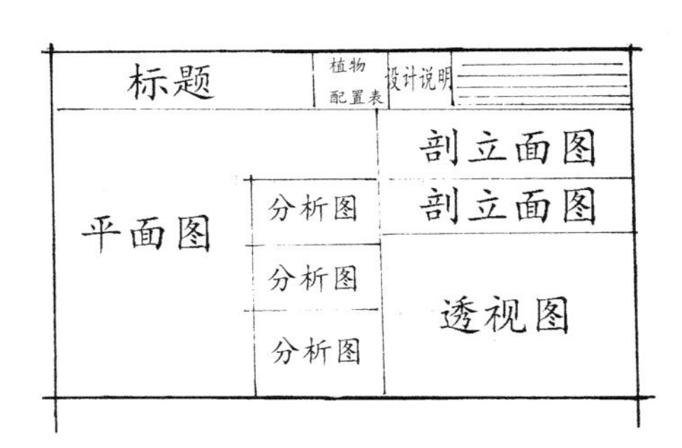


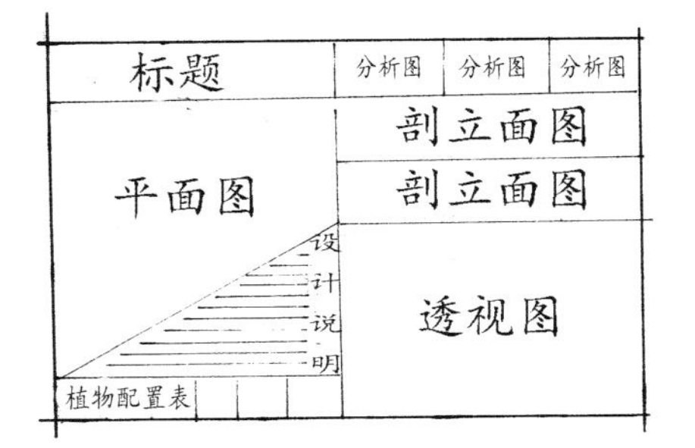


（2）竖向排版

如果是竖向排版，根据主次关系，平面图作为主要图纸一般置于最上方，所占比例约为 40%，再从上往下依次布置效果图、剖面图、立面图及设计说明等部分。

垂直方向阅读时，视线一般是从上到下流动，要尊重读者的阅读习惯，营造顺畅舒适的阅读体验。

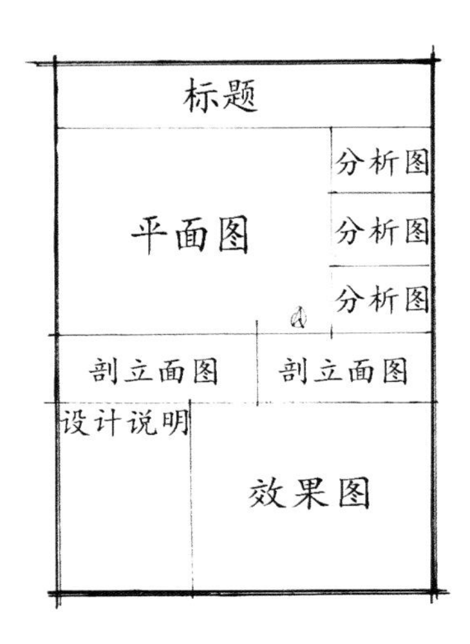


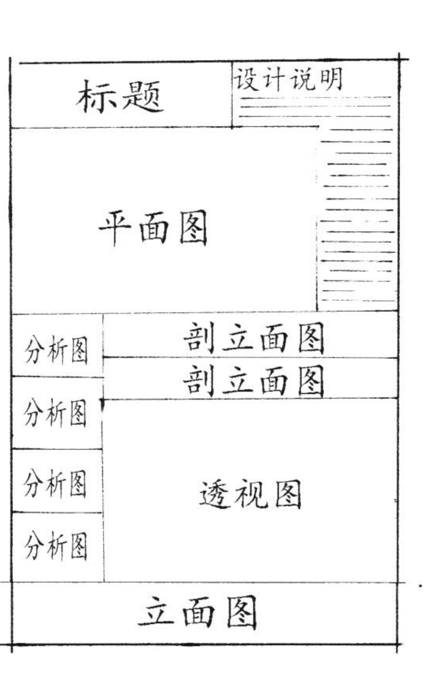


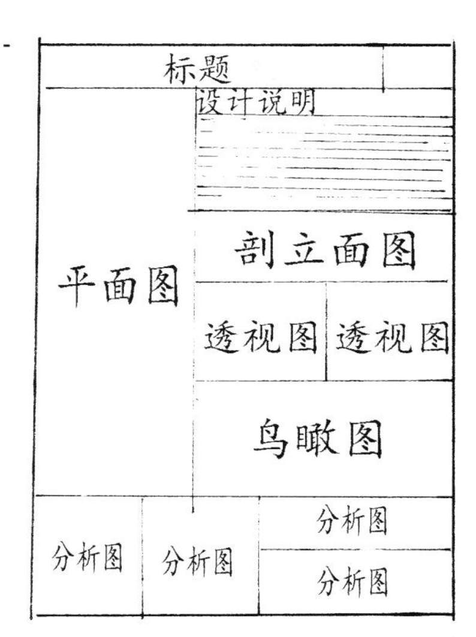


以上两种排版方式都是以一张幅面为例，主要原则是将画面中的重要主视觉中心留给平面图及主要效果图，次视觉中心留给竖向分析图或扩初图使整个幅面饱满、疏密得当。

# 第二节 景观快题图面表达的手绘流程

景观快题设计流程可分解为：

接受任务 → 读题破题 → 功能分区 → 主要交通 → 细化各区确定平面 → 竖向与立面 → 透视表现节点详图

绘图步骤如下：

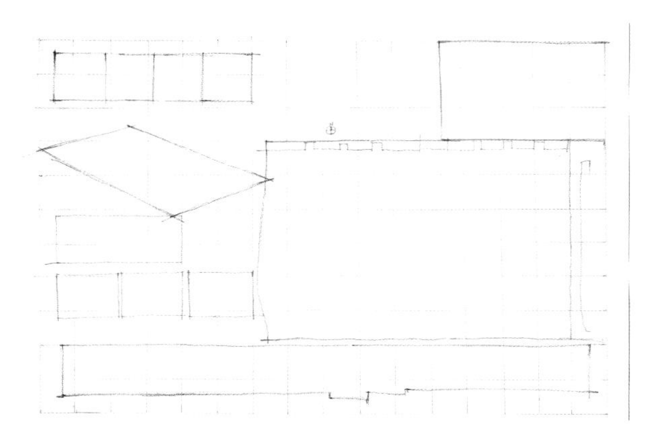

① 根据任务书分析题意及设计条件，确定平面图的范围，并标出标题、分析图、立面图、设计说明等的位置。

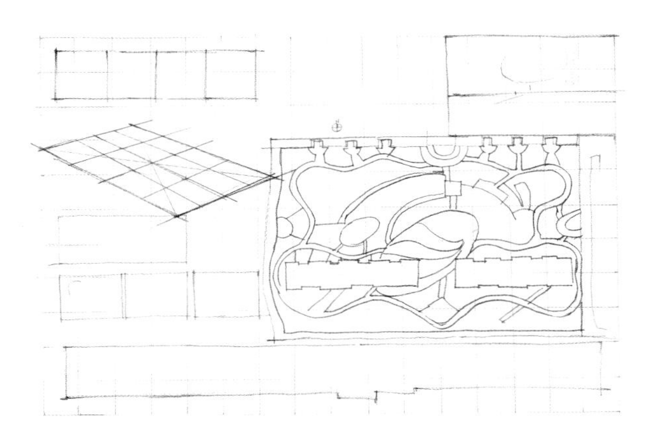

② 分析任务书，结合题目要求，画出平面图，要按比例绘制主要交通并确定基本功能分区，并画好鸟瞰图的网格。

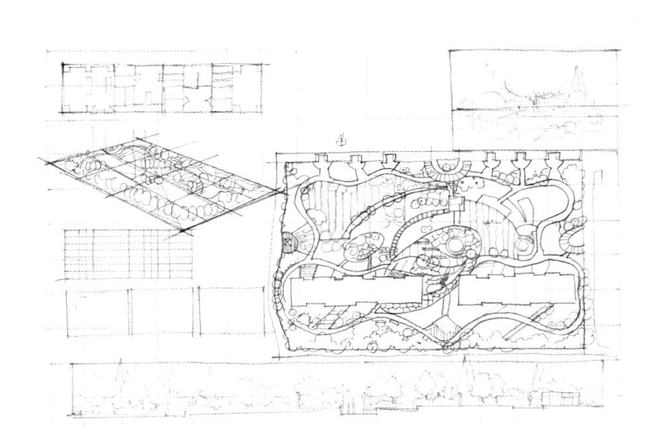

③ 继续完善平面图，在平面基础上，根据构筑物和景观小品的高度完善剖面图，并借助网格透视线分别画出鸟瞰图中各要素的透视高。

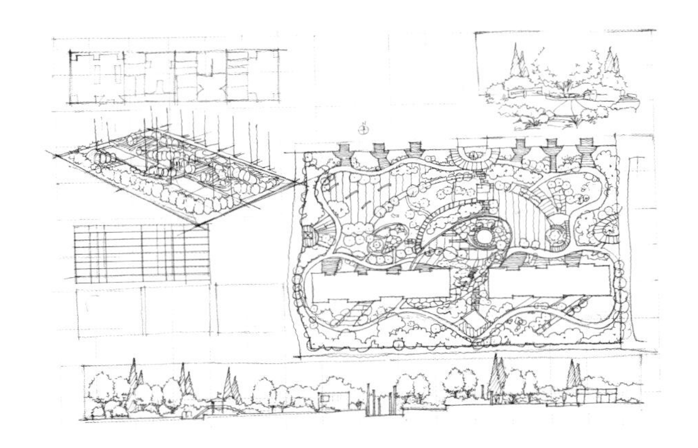

④ 对铅笔草图进行细化，画出立面、效果图及鸟瞰图线稿，着重细节的刻画，如入口、构建物、景观环境等。在此基础上绘制墨线，平面图要细化广场铺装、植物配景等。

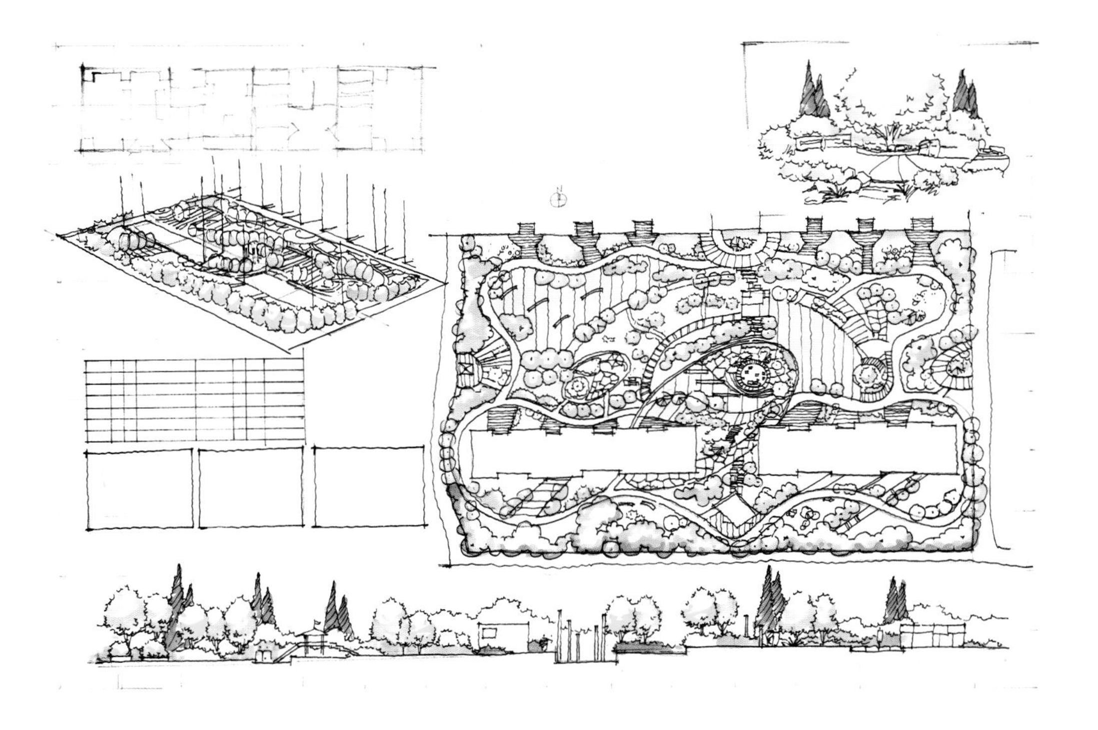

⑤ 接着对剖立面图进行着色，平面图进行植物和铺装的上色，丰富园林形式，细化公园铺装，同时对透视图、鸟瞰图进行铺色，保证整张图纸的色调统一。

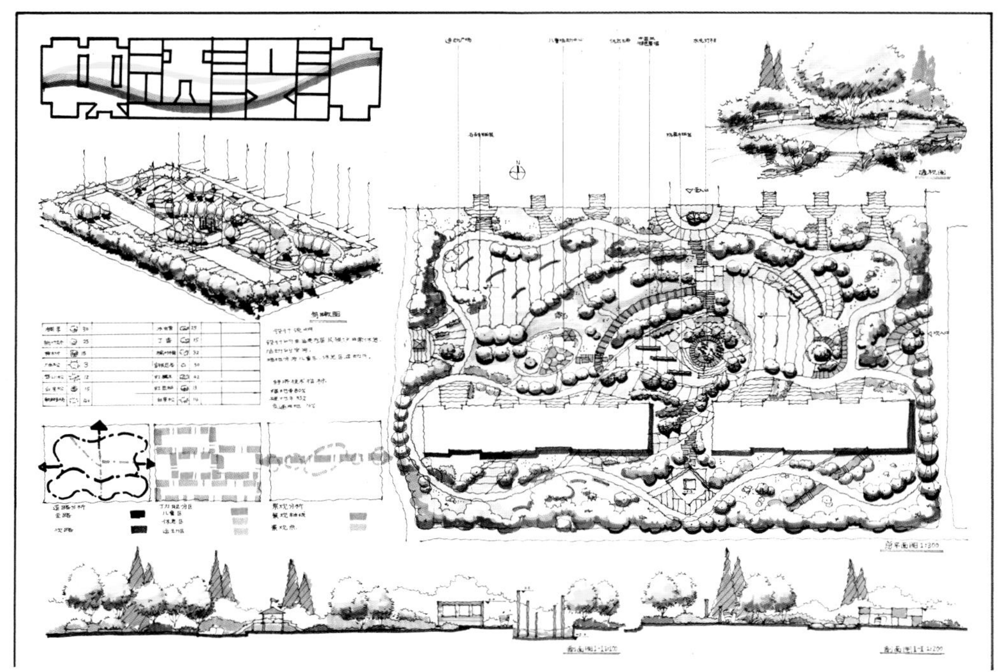

⑥ 完成最终上色。完成平面标注，画出分析图，编写设计说明，标出图名、比例尺、指北针、剖切符号等。最后进行检查，核对任务书，确定没有缺漏。

# 第三节 不同类型的景观快题设计

## 商业中心绿化广场设计

①因场地下方有地下商业区，因此上方不种植高大乔木，只种植绿篱与地被植物。②场地南北为商业中心，人流量大，因此要有空间充分的集散广场。③场地内布置小型私密休息空间，与集散广场形成对比。④主景观区为商业文化展示广场。

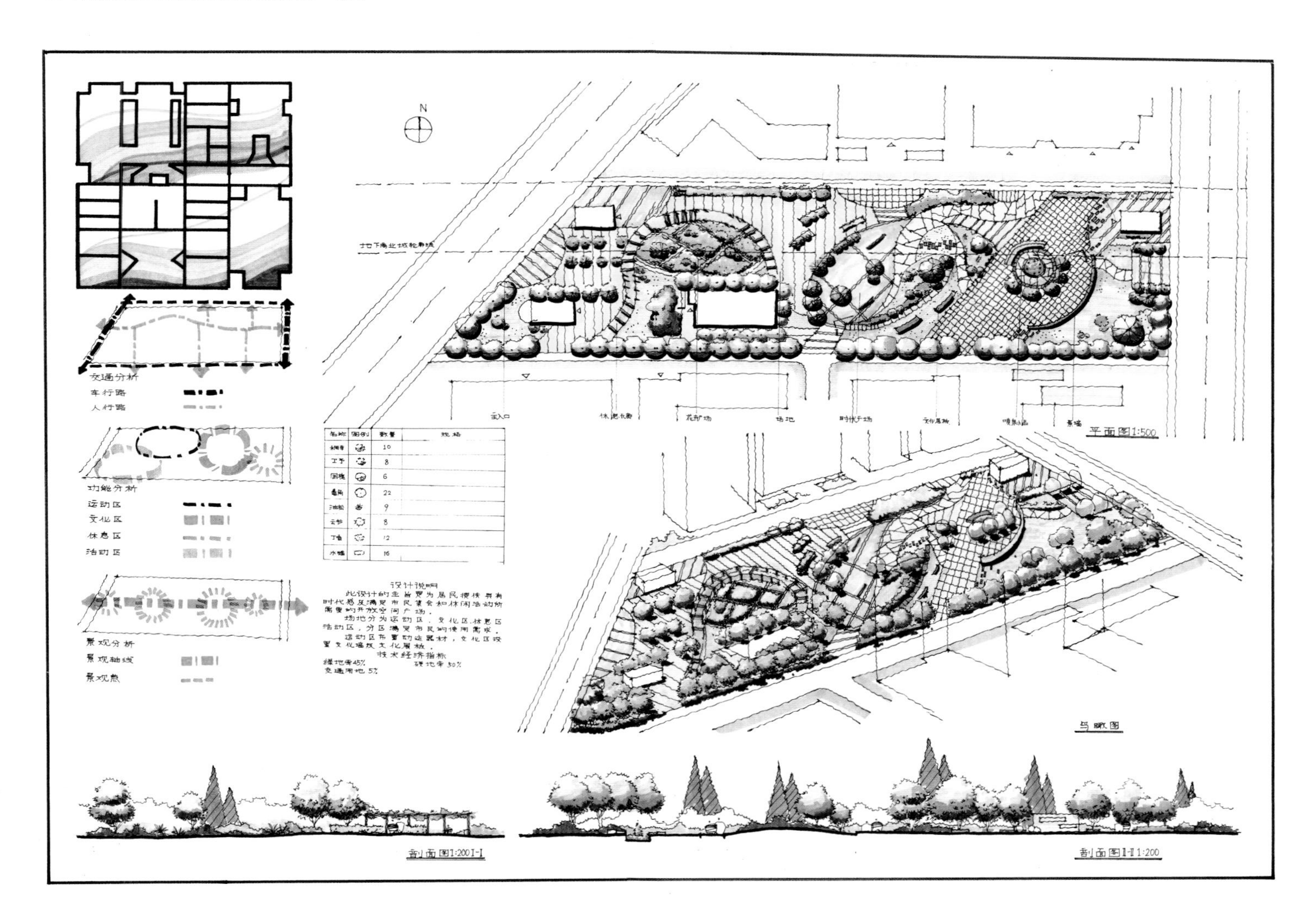

## 儿童活动中心设计

① 景观设计由流动的曲线构成，形成欢快的氛围，为儿童提供安全快乐的环境。② 为儿童提供良好的做运动的公共空间（大场地），场地布置迷宫花园、沙地等儿童娱乐设施，同时也设置了私密的休息空间。③植物选择无毒、无异味、无刺树种。乔灌草搭配创造出适合孩子的玩耍空间。

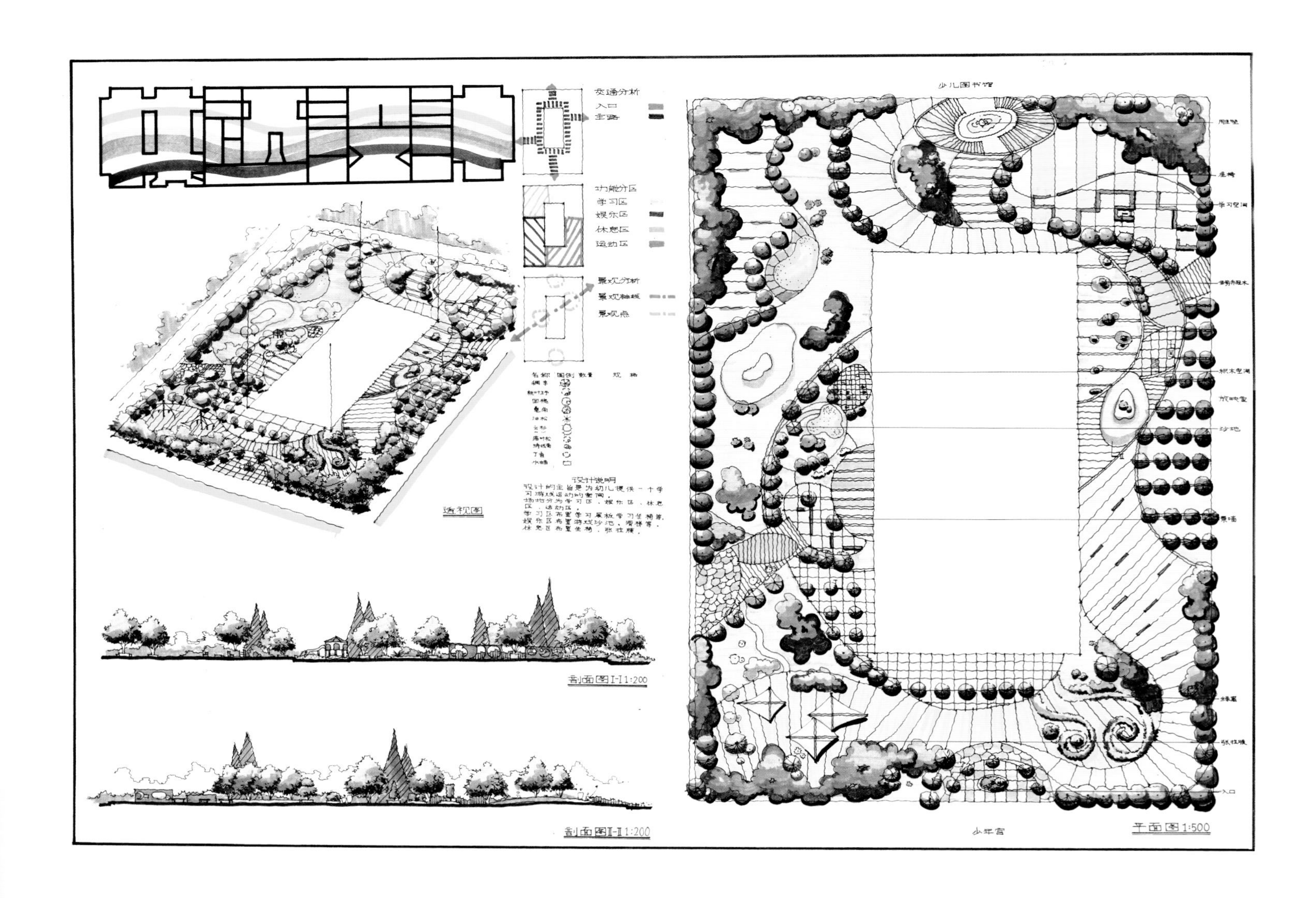

## 校园文化广场设计

① 为体现出校园的庄重与文化特点，因此选择矩形构图形式。② 场地东部为红旗广场，因此设置了一定的集散场地。③ 场地中提供较多的私密休息空间，为师生提供课间休息学习的场所。④ 场地中心的缓坡作为阳光休憩草坪，由长廊环绕，此处运用了抬高地形的手法来突出场地主景。

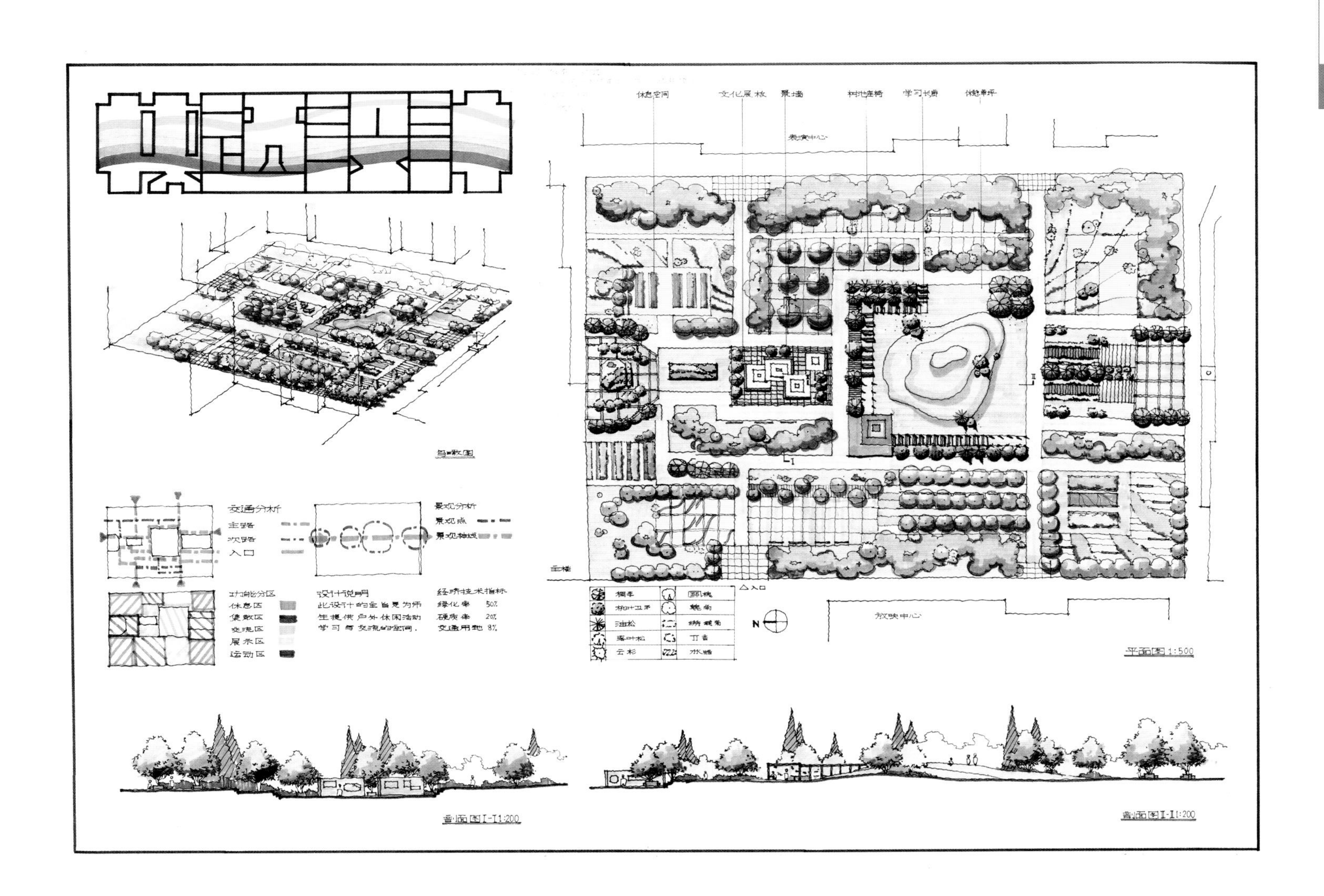

## 城市中的综合公园设计

① 四周环绕城市道路，交通便利。场地南为居民区与商务中心，因此场地主入口开在场地南侧，并设置一定面积的集散场地。② 场地由一条南北景观透视线构成，四周环绕密林。③ 主景观区为扇形区域，是公园的文化娱乐区，紧挨文化娱乐区的是文化展示区，是布置展板等用于宣传城市形象的场所。

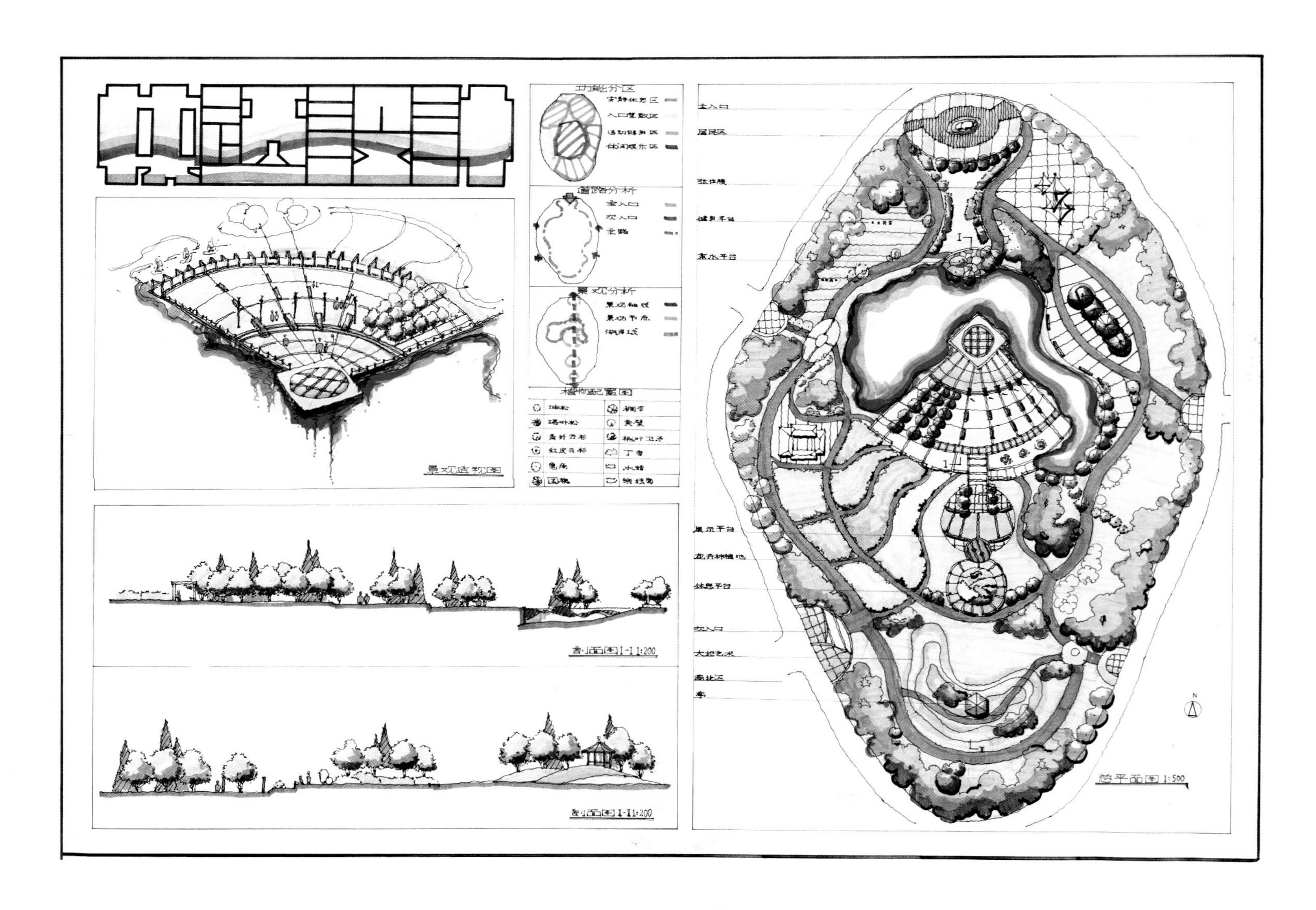

## 居住区景观设计

居住区景观的设计任务包括道路布置、水景组织、路面铺砌、照明设计、小品设计、公共设施处理等，既要实现功能作用，又要顾及视觉和心理感受。在进行景观设计时，要将地块内原有的植物景观元素引入到小区中。

## 校园中心区景观设计

校园中心区是规划结构中心、功能组织中心和环境意向中心三位一体的区域，其景观设计要体现空间的开放性和公共性。表现时一般以大空间的场景出现，要注意整体色调和空间关系的把握。本案例通过运用连廊、构筑物等手法将自然景观融为一体，以塑造人与自然相容相生的、和谐的人文景观特征。

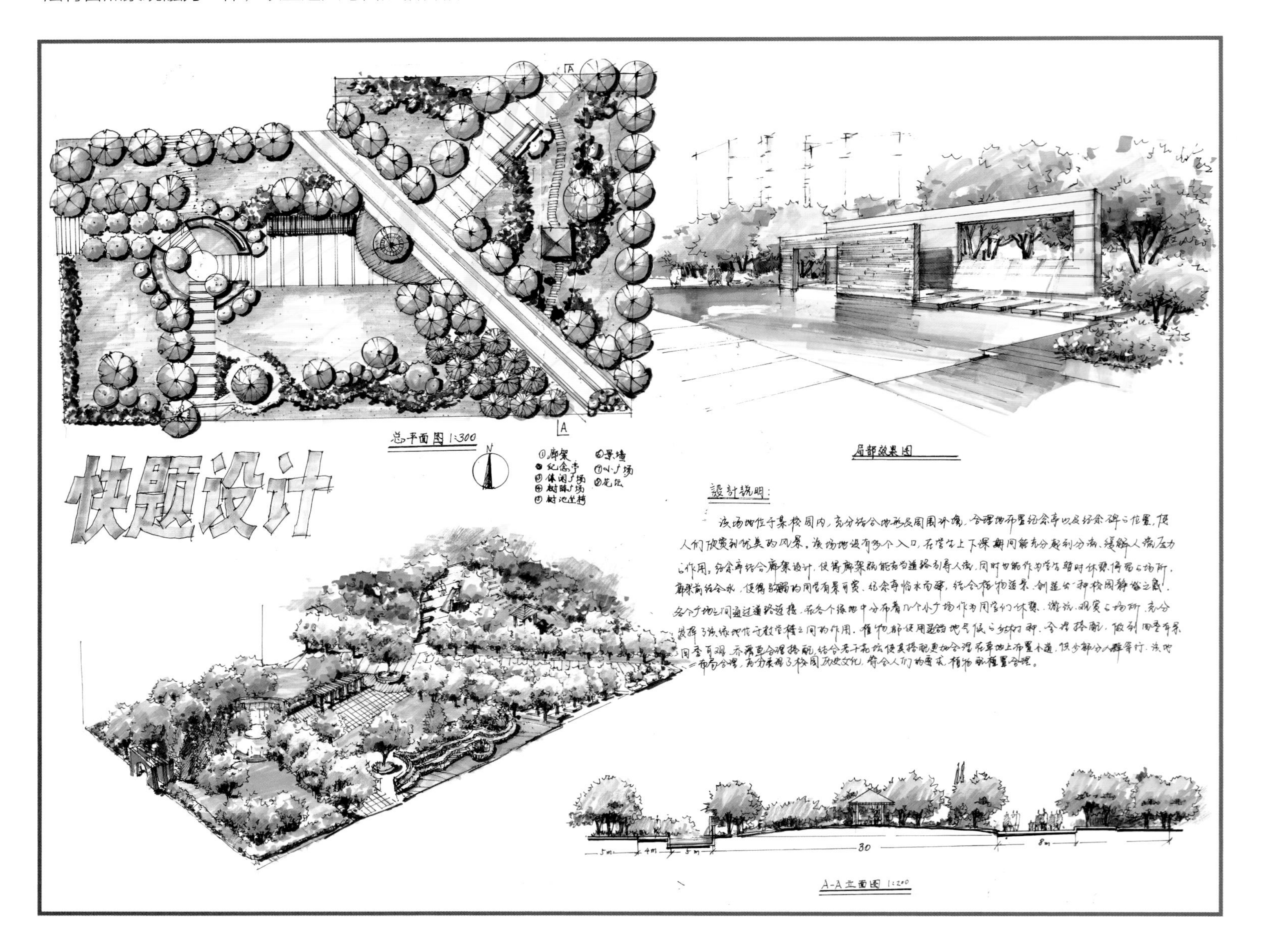

## 第五章

# 景观快题元素

## 第一节 水体

● 规则式静水

矩形静

自由式静水

规则式跌水

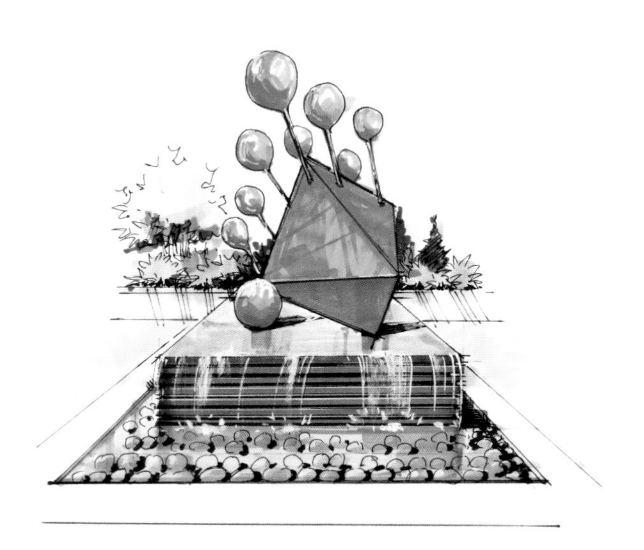

自然式跌水

自然式跌水

台阶式跌水

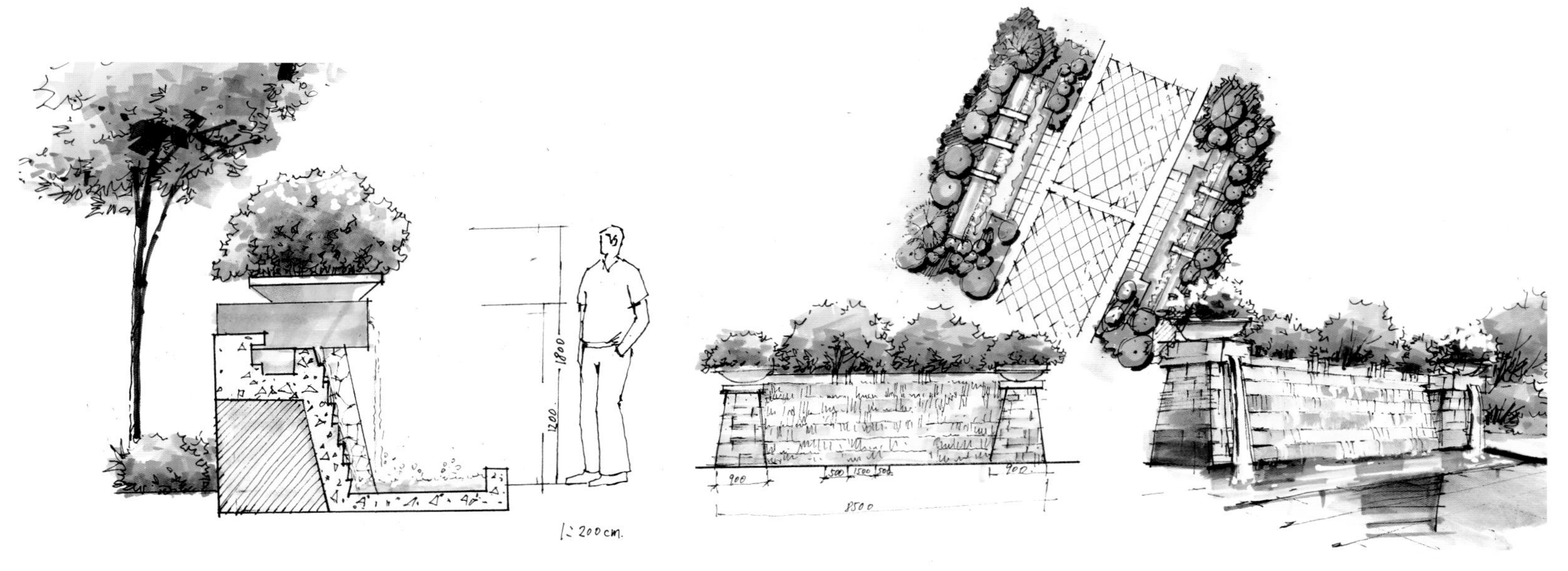

水体与周边景观材质形成质感对比，形成景观轴线上的亮点

## 喷泉

地台式矮柏树形喷泉

镶入式矮柏树形喷泉

喷泉与跌水

镶入式蜡烛形喷泉

## 第二节 山石

山石与错落式叠水

山石为主景的景观

## 第三节 园路、地面、景墙

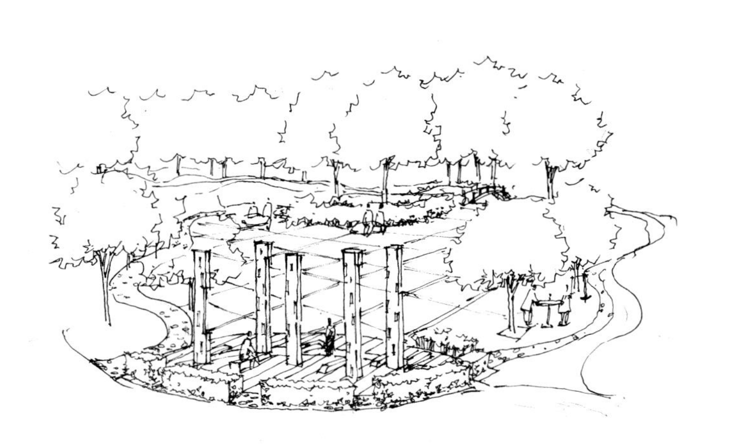

次园路（卵石路面）

次园路（石材路面）

游步道台阶

花岗岩单元入户路

游步道（拼石路面）

游步道（拼石路面）

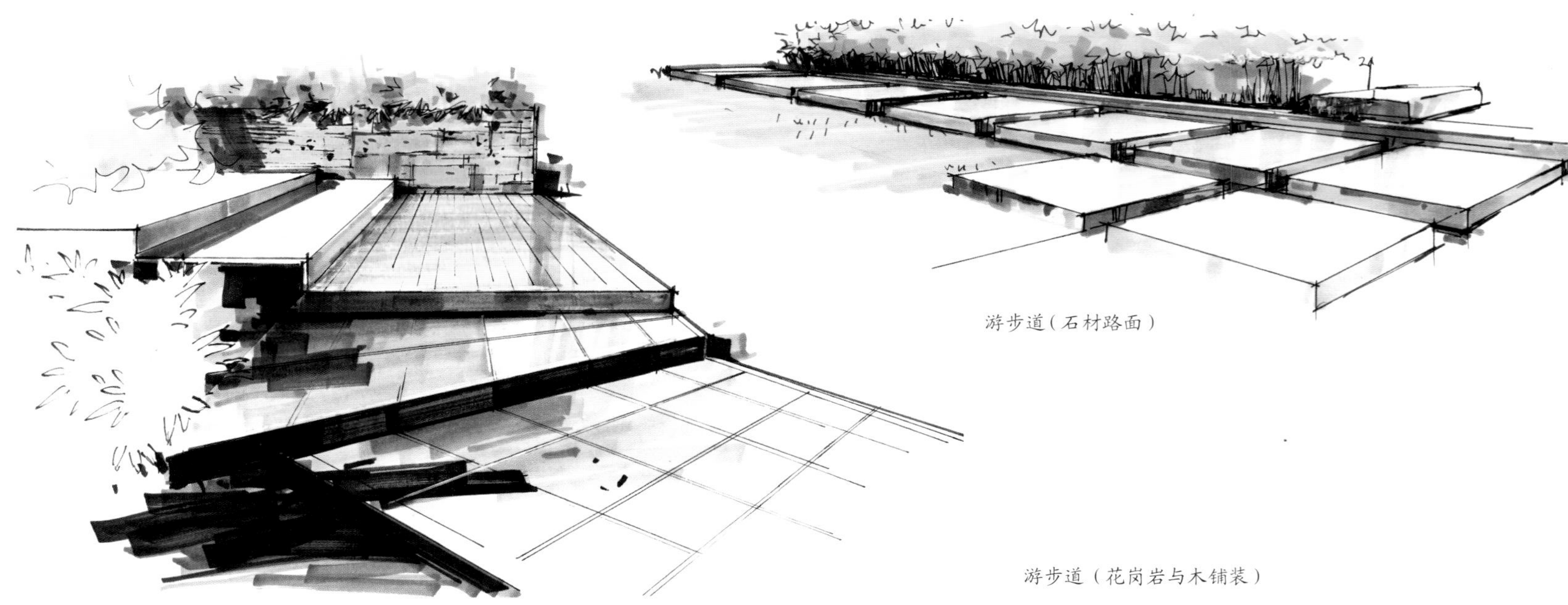

游步道（石材路面）

游步道（花岗岩与木铺装）

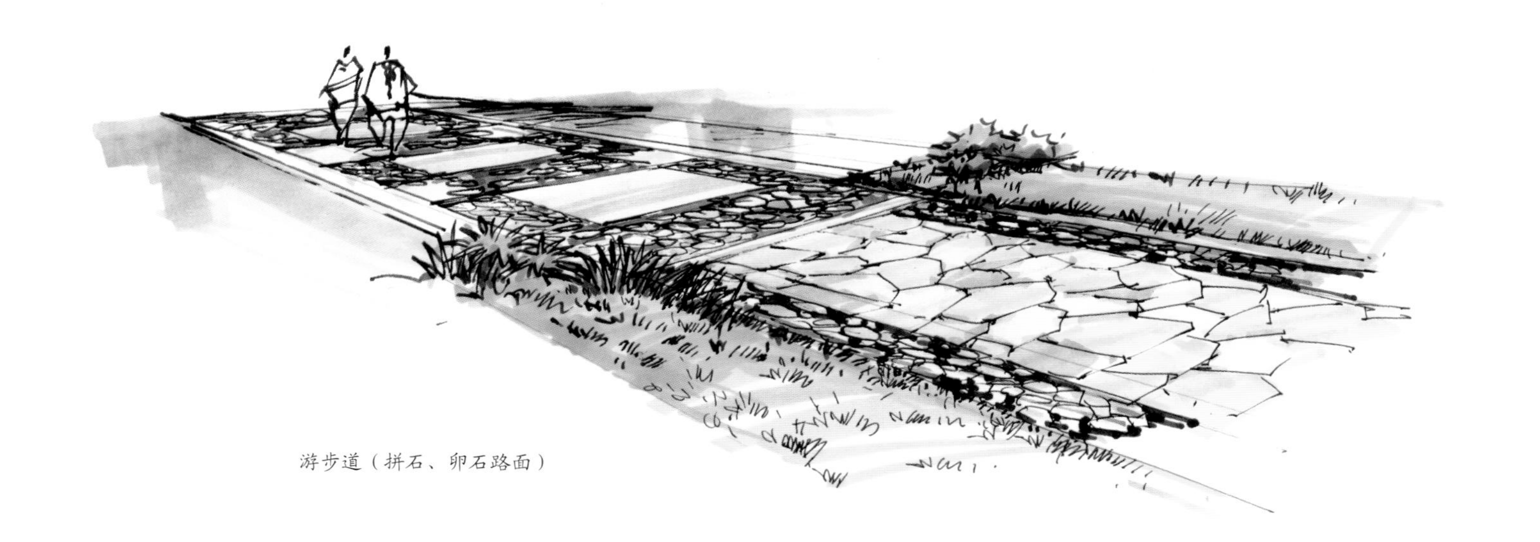

游步道（拼石、卵石路面）

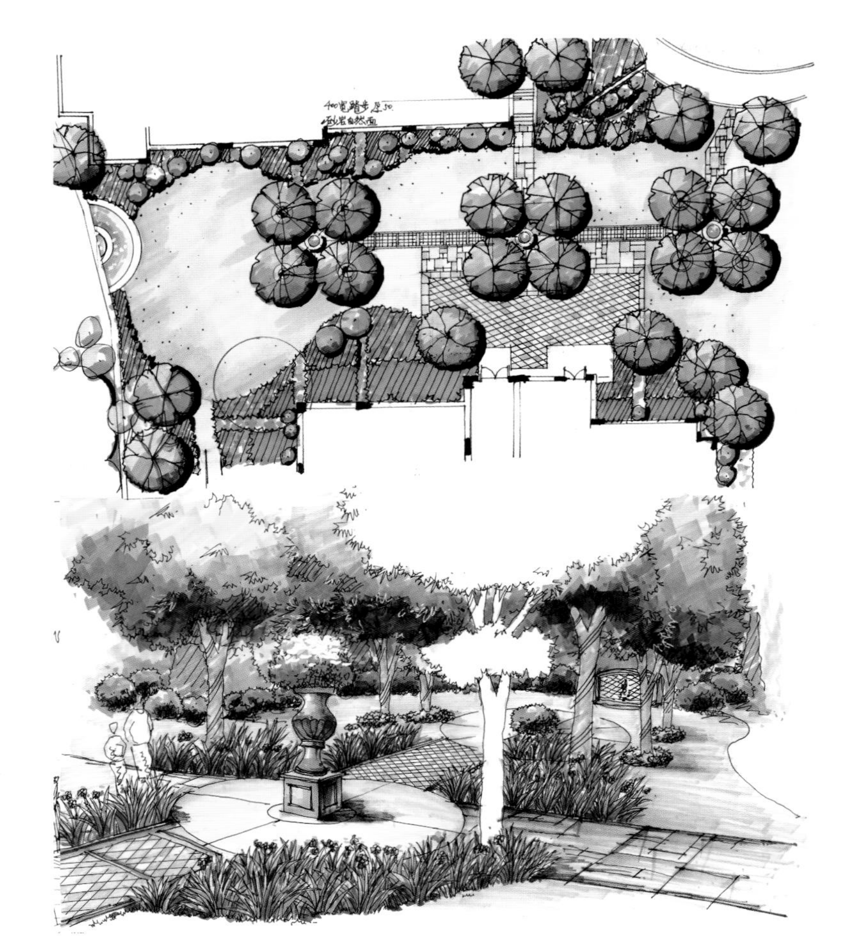

游步道

次园路（石材路面）

次园路景墙与路面

主园路

次园路

游步道（混凝土路面）

公园丰富的路面设计

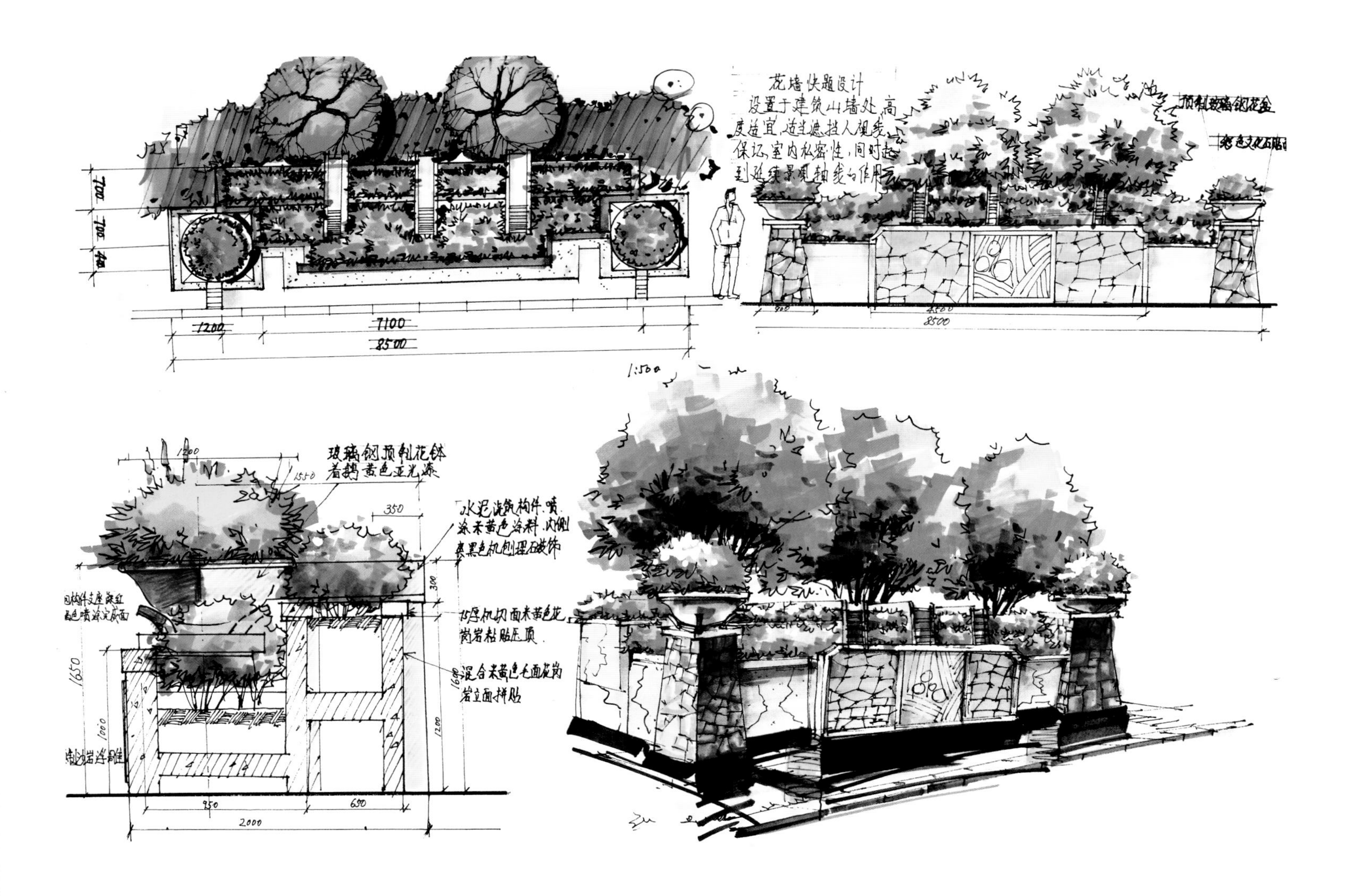
700
700
400
1200
7100
8500
花墙快题设计
设置于建筑山墙处，高
度适宜，适当遮挡人视线，
保证室内私密性，同时起
到延续景观轴线的作用
8500
1:500
玻璃钢预制花钵
着鹅黄色亚光漆
1200
1550
350
水泥浇筑构件，喷
涂米黄色涂料，内侧
贴黑色机刨理石装饰
300
15厚机切面米黄色花
岗岩粘贴压顶
混合米黄色毛面花岗
岩立面拼贴
1650
1000
1600
1200
950
650
2000

景墙

# 第四节 植物、花钵、树池

植物

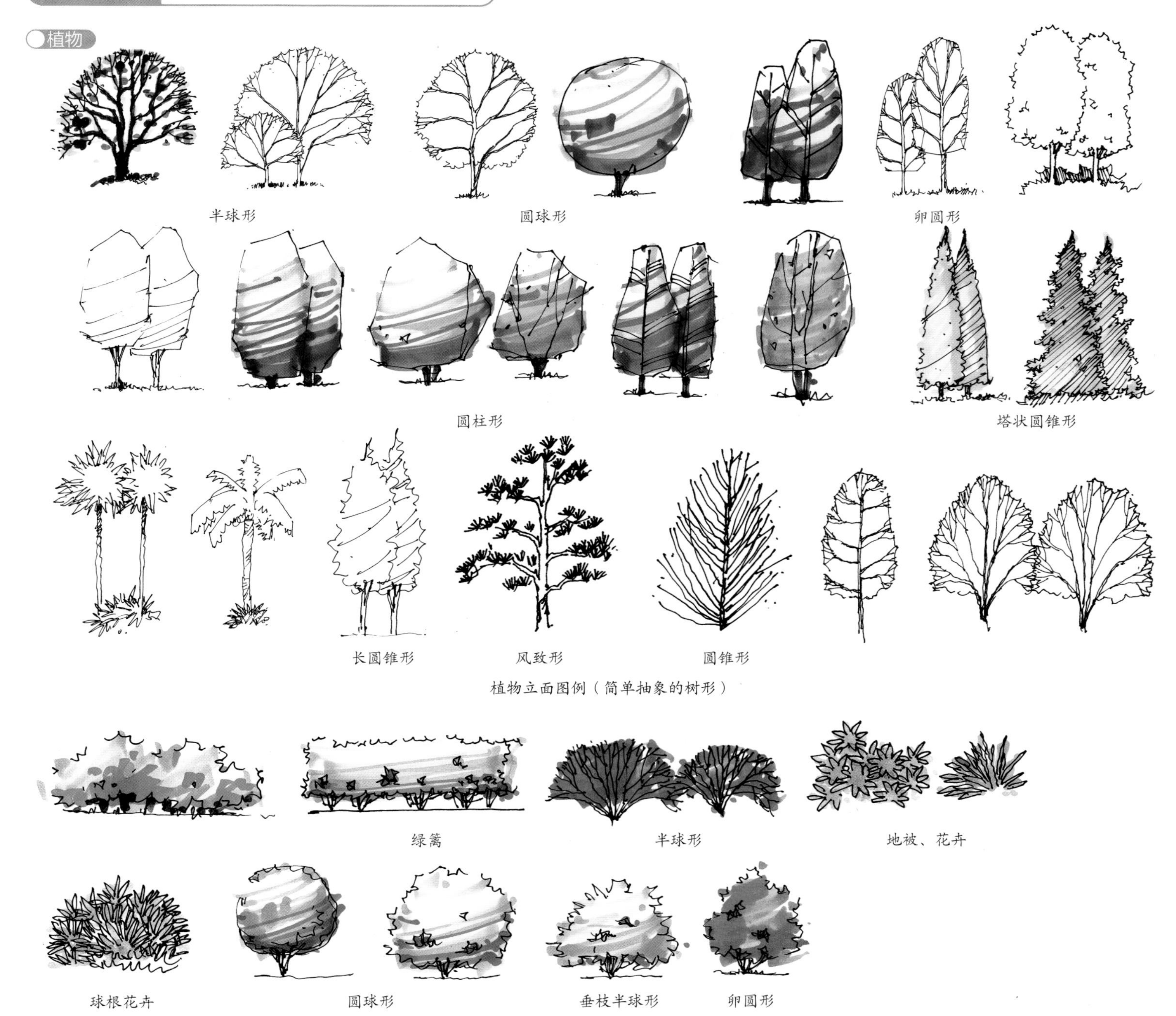

植物立面图例（简单抽象的树形）

植物立面图例（灌木、花卉、地被）

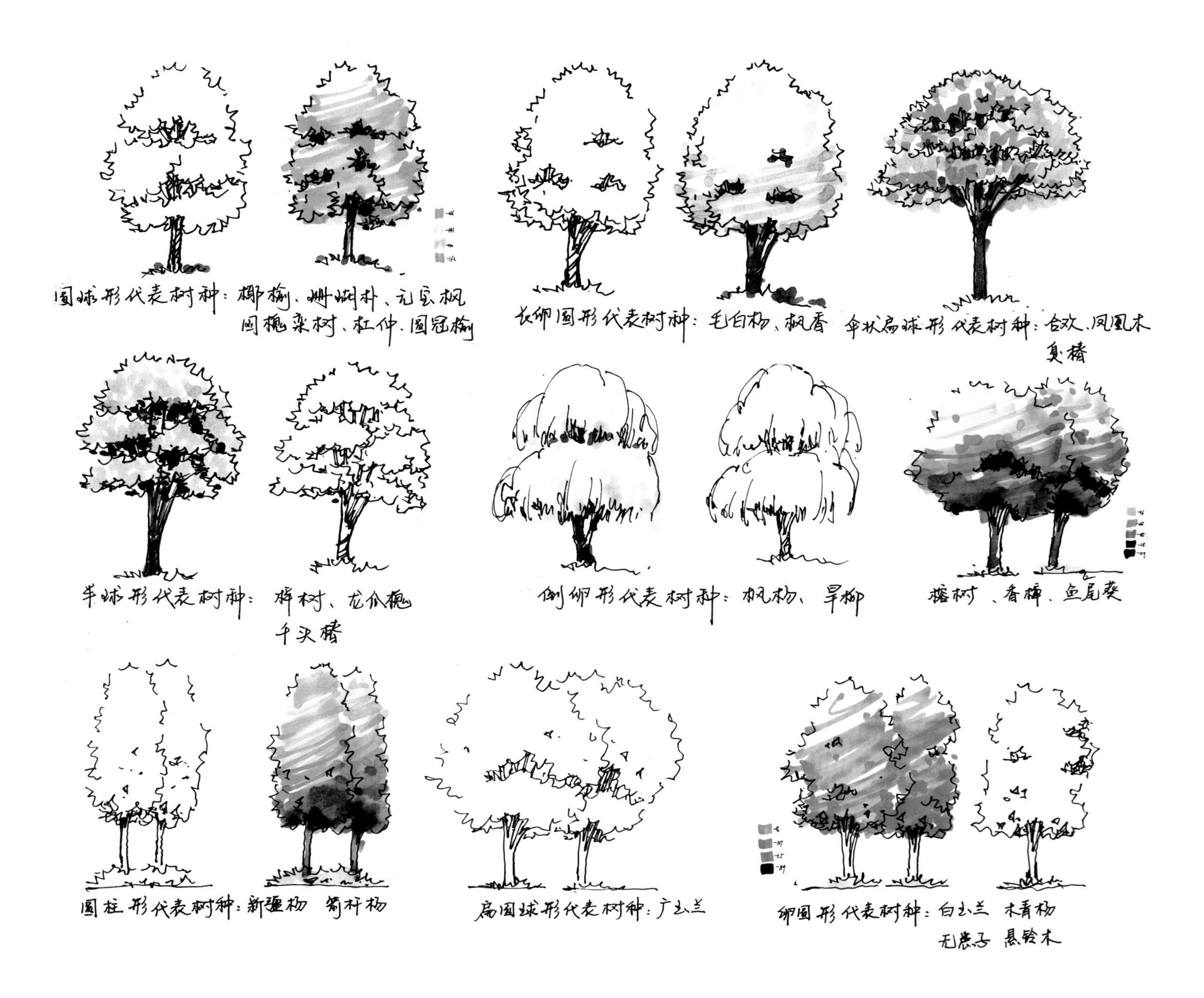
圆球形代表树种：榔榆、珊瑚朴、元宝枫
国槐栾树、杜仲、圆冠榆
长卵圆形代表树种：毛白杨、枫香
伞状扁球形代表树种：合欢、凤凰木
臭椿
半球形代表树种：榉树、龙爪槐
千头椿
倒卵形代表树种：枫杨、旱柳
榕树、香樟、鱼尾葵
圆柱形代表树种：新疆杨 箭杆杨
扁圆球形代表树种：广玉兰
卵圆形代表树种：白玉兰 木青杨
无患子 悬铃木

植物立面图例（复杂树形）

## 花钵

花钵（顶式、灰色石材）

花钵（立式、白色石材）

花钵（立式、深色石材）

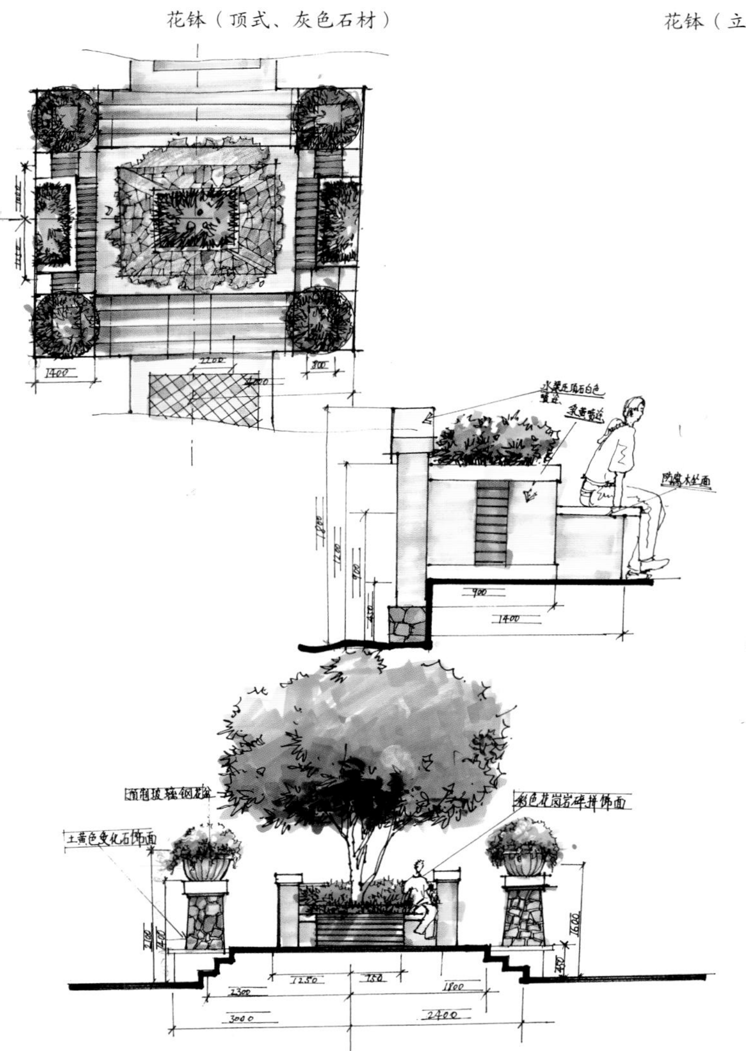

树池、花钵组成的景观小品

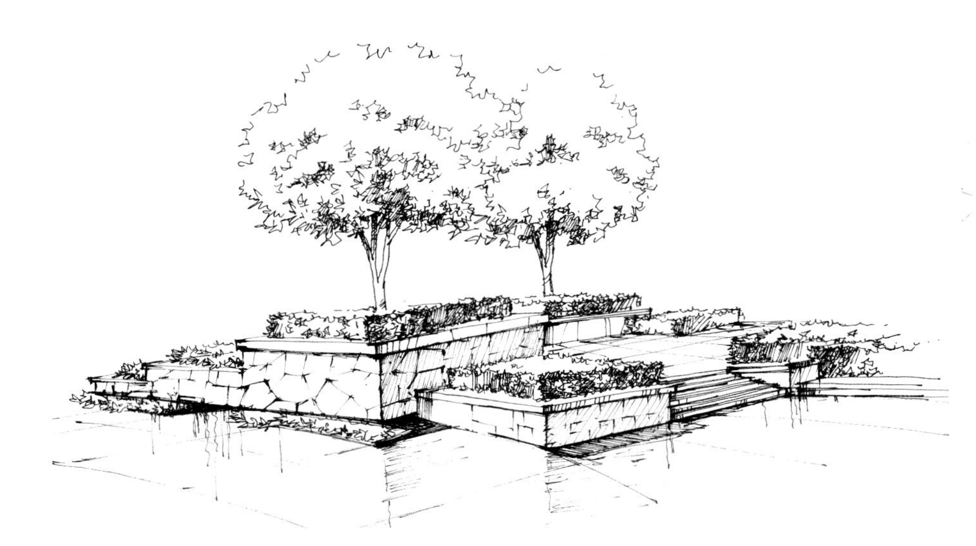

树池（碎拼大理石板）

树池（陶瓷砖）

树池（木材）

树池（无釉砖）

树池（石材）

树池（橘红花岗岩）

树池（灰色花岗岩）

树池（灰色花岗岩）

树池（浅色石材）

树池（暖色系文化石）

树池（麻面砖）

树池（浅色石材）

树池（浅黄色砖材）

树池（灰色石材）

圆形树池（灰色花岗岩）

树池（墙砖饰面）

树池（深色石材）

树池（大理石）

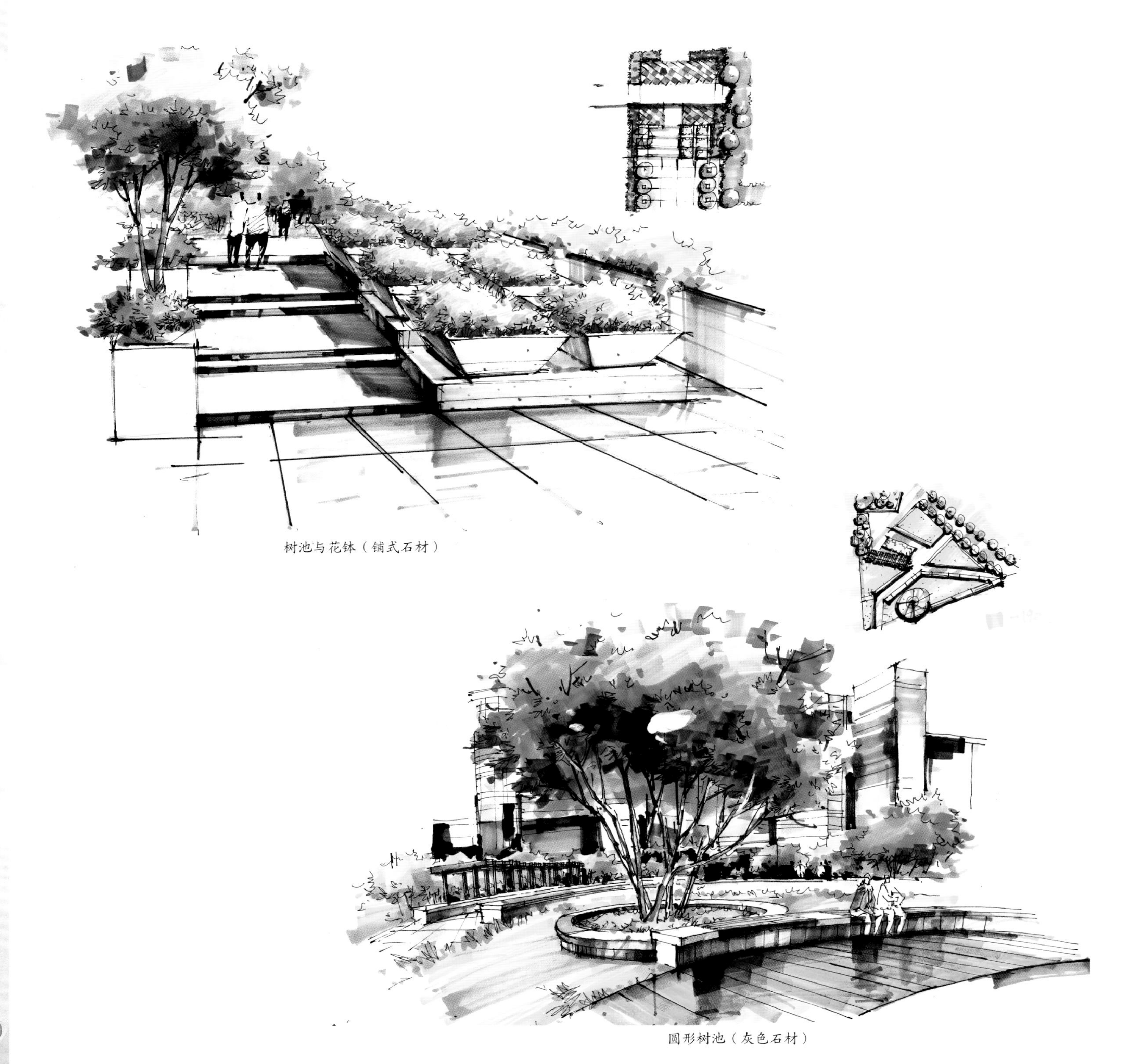

树池与花钵（铺式石材）

圆形树池（灰色石材）

## 第五节 坐椅

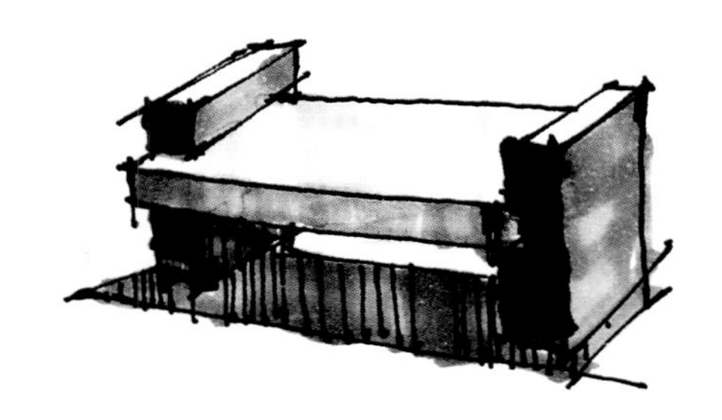

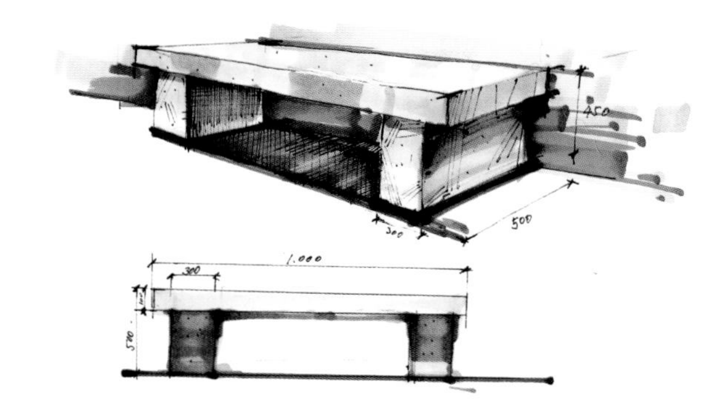

石材坐凳

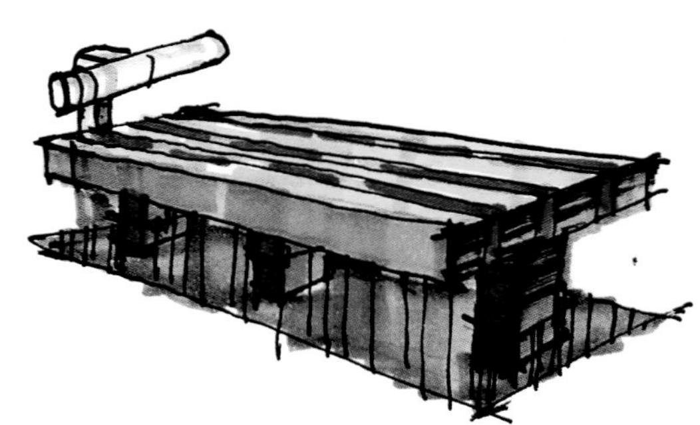

木材坐凳

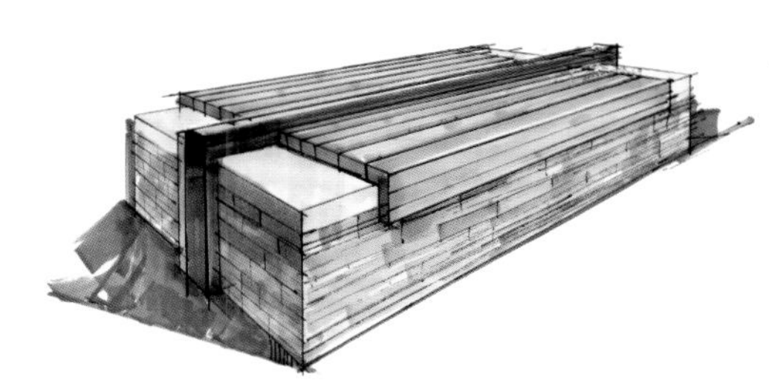

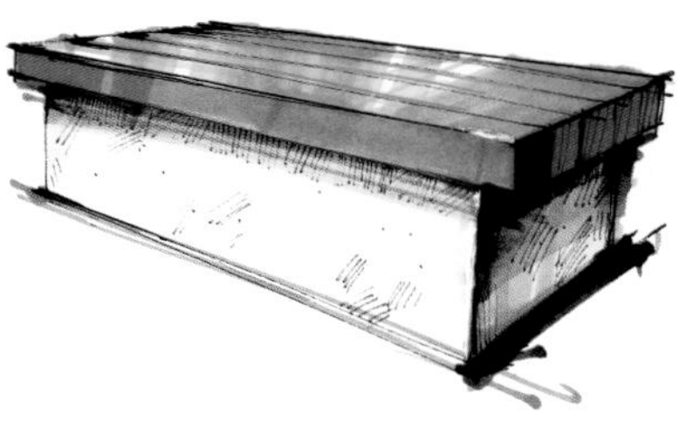

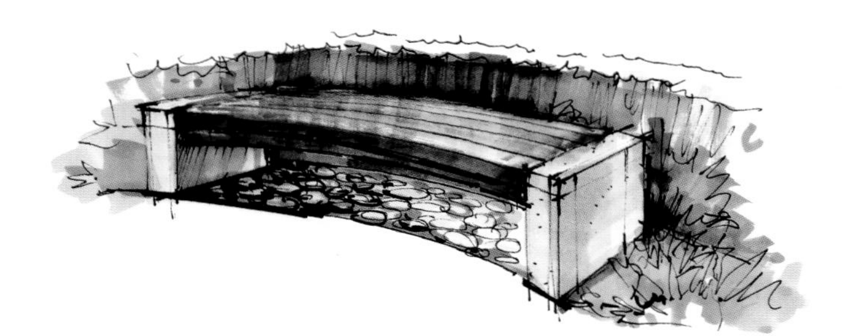

石材和木材结合的坐凳

室外实木茶桌

坐凳（向心组合布置）

石材和木材结合的坐凳

坐凳（向心组合布置）

坐椅（暴露性组合布置）

坐凳（平行式布置）

# 第六节 景亭

方亭（石材）

方亭（木材，马克笔＋彩铅）

方亭（石材）

方亭（石材＋木材）

木质花架

廊架

日式景亭

传统中式景亭

理石挂柱木质景亭

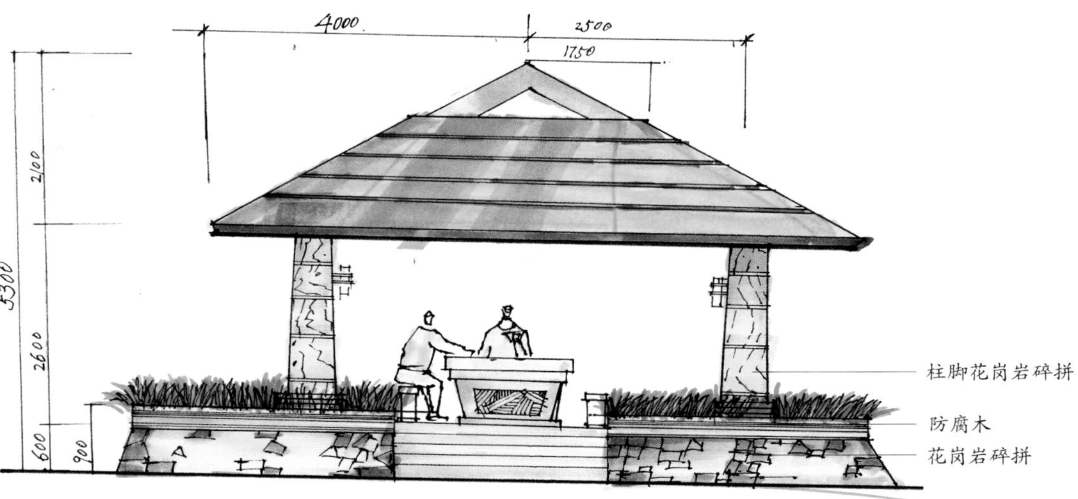

泰式景亭

泰式景亭

方亭（木质）

方亭（瓦顶、钢包木柱）

## 第七节 绿廊、花架

防腐木绿廊

钢制花架

理石柱钢制顶花架

玻璃顶木质绿廊

单支柱廊

防腐木绿廊

防腐木绿廊

砖石花架

过廊

砖石花架

转角形炭化木花架

## 第八节 园桥

拱桥

平桥

# 第九节 综合表现

## 售楼处

迎宾区效果图

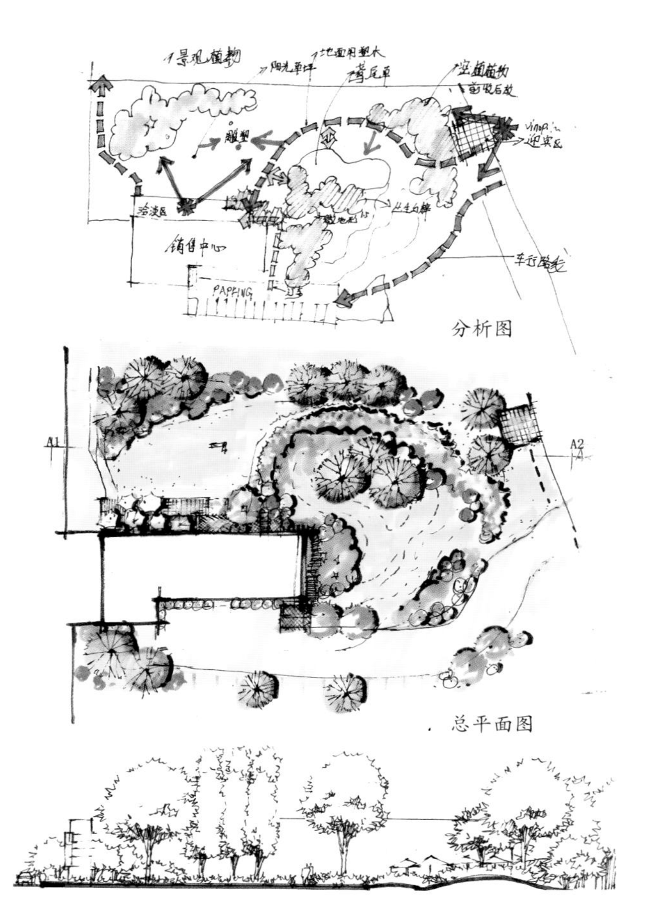

分析图

总平面图

立面图 1

立面图 2

洽谈区效果图

①会所前水景
②会所休闲广场
③桥
④入口
⑤滨水木栈道
⑥亲水平台

ASPHALT
灰色沥青防水屋面
FEATURE
特色水池
停车场
次要人行道
主要人行道
汽车通道口
停车场
植物
休息区

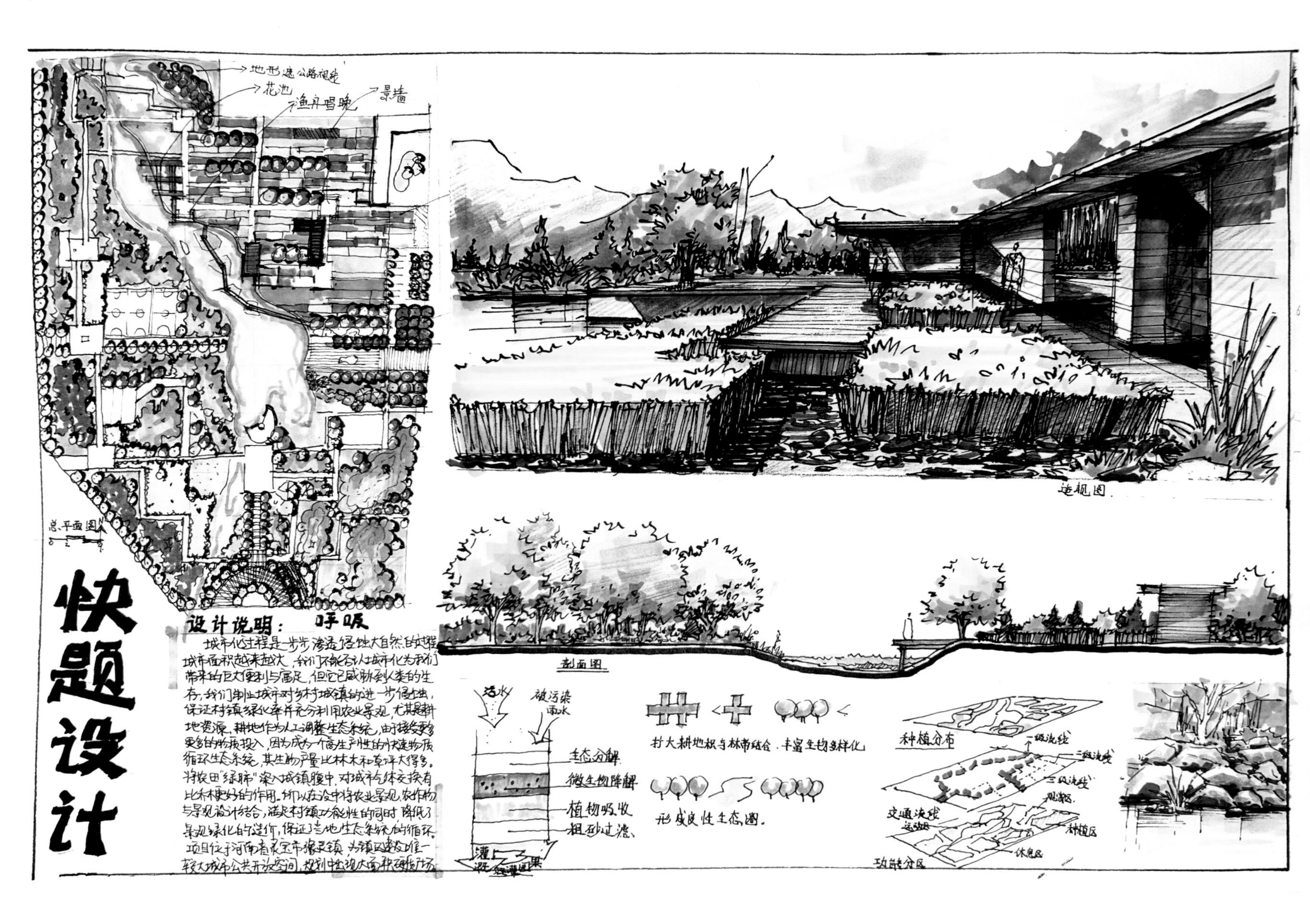
地形遮公路视线
花池
渔舟唱晚
景墙
总平面图
快题设计
设计说明：呼吸
城市化过程是一步步渗透侵蚀大自然的过程，城市面积越来越大，我们不能否认城市化为我们带来的巨大便利与富足，但它已威胁到人类的生存，我们制止城市对乡村城镇的进一步侵蚀，保证村镇绿化率并充分利用农业景观，尤其是耕地资源，耕地作为人工调整生态系统，由于接受更多更多的物质投入，因为成为一个高生产性的快速物质循环生态系统，其生物产量比林木和草坪大得多。将农田"绿肺"深入城镇腹中，对城市气体交换有比林木更好的作用。所以在设中将农业景观、农作物与景观设计结合，满足村镇功能性的同时，降低了景观绿化的造价，保证了当地生态系统的循环。项目位于河南省灵宝市豫灵镇，为镇区建成唯一较大城市公共开放空间，规划中出现大面积硬质广场
透视图
剖面图
透水
被污染雨水
生态分解
微生物降解
植物吸收
粗砂过滤
扩大耕地积与林带结合，丰富生物多样化
形成良性生态圈
种植分布
一级流线
二级流线
三级流线
观演区
交通流线
运动区
种植区
休息区
功能分区

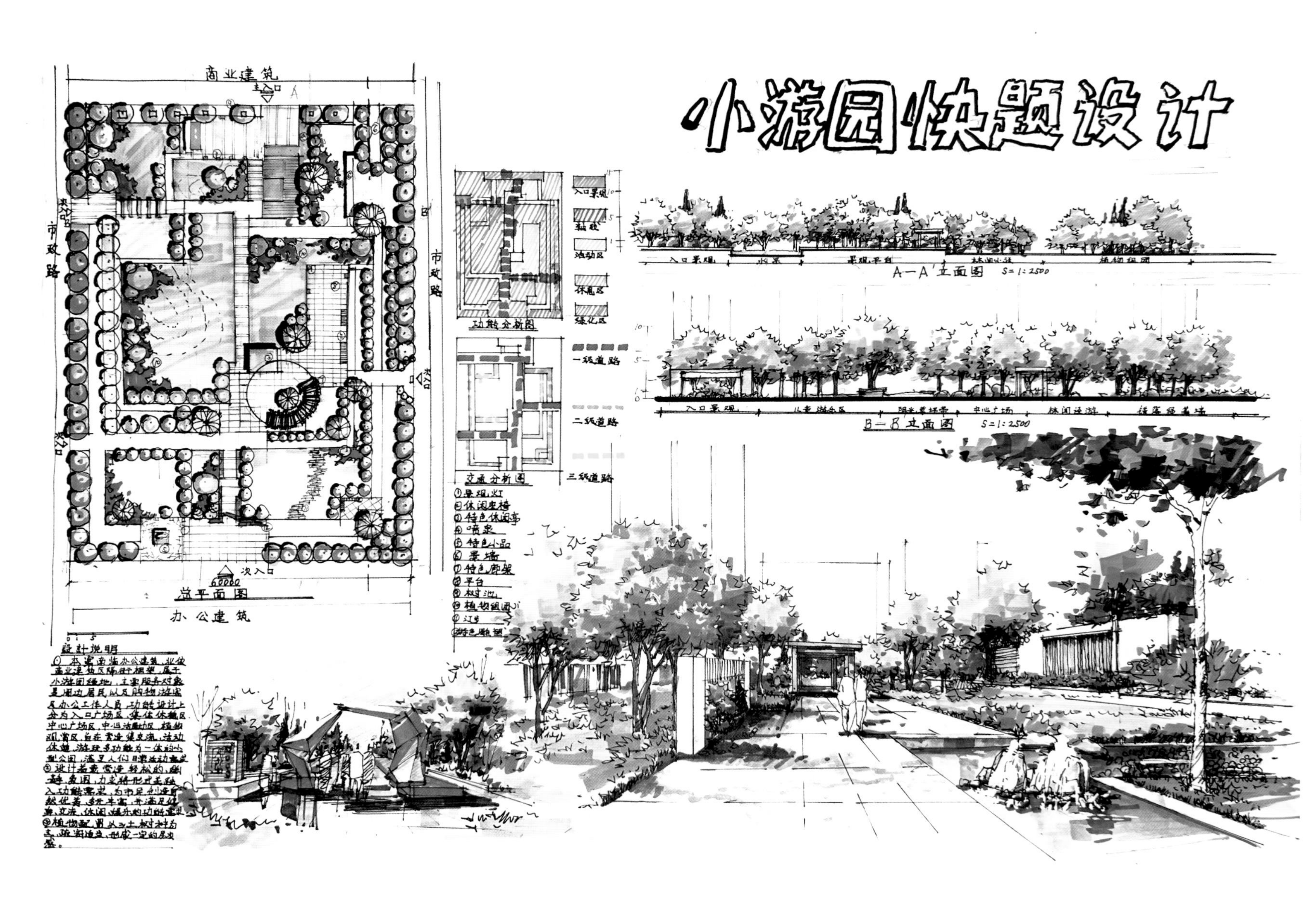

小游园快题设计
商业建筑
主入口
市政路
市政路
总平面图
办公建筑
次入口
功能分析图
入口景观
轴线
活动区
休憩区
绿化区
交通分析图
一级道路
二级道路
三级道路
①景观灯
②休闲座椅
③特色休闲亭
④喷泉
⑤特色小品
⑥景墙
⑦特色廊架
⑧平台
⑨树池
⑩植物组团
A—A′立面图 S=1:2500
B—B′立面图 S=1:2500
设计说明

平面图 1:200
结构柱
外饰金属漆
章鱼
演变
海岛森林
场地分析
休息区 运动区 观赏区
功能分析
主入口 次入口
主路 支路 小林荫路
交通分析
景观轴线
主要景观节点
次要景观节点
节点分析
设计说明
以泳池为核心进行功能展开，自然流动的曲线，放松的海岛布置，风情的凉亭餐吧，多样的场景体验，都在创造具有独特在地符号和场所记忆的艺术空间，紧密围绕这些开展社区的水上活动，泳池派对，同时又是一种热带海岛的度假体验。
泳池律动的线条灵感源于自由流动的海水冲刷，形成海洋中丰富的肌理，漂浮的绿岛穿插其中，来到这里仿佛置身于海岛森林里，享受椰林海风。
居住小区景观设计

安静区
健身区
休息区
主要活动区
功能分析
次要道路
主要道路
交通分析
主要景观
节点分析
技术指标
铺装 8.2 27.34%
水体 3.7 12.33%
木作 2.3 7.67%
绿化 14.8 49.33%
设计说明：
本项目位于池阳滨海区，总用地面积约为1.5万平方米，
针对追求生活品质的高级别墅，运用规则式的设计
手法来表达返璞归真的生活场景。设计手法上利用原有
自然而表现质朴、宁静的环境空间。
A—A 剖立面 1:15